湿说橡皮章之月猫不完全攻略

胡椒大湿 著

黑龙江美术出版社

图书在版编目（CIP）数据

湿说橡皮章之月猫不完全攻略 / 胡椒大湿著. —— 哈
尔滨：黑龙江美术出版社，2017.7
ISBN 978-7-5593-1247-1

Ⅰ.①湿… Ⅱ.①胡… Ⅲ.①印章 – 手工艺品 – 制作
Ⅳ.①TS951.3

中国版本图书馆CIP数据核字(2017)第191503号

湿说橡皮章之月猫不完全攻略
Shi Shuo Xiangpizhang zhi Yue Mao Bu Wanquan Gonglüe

胡椒大湿 著

出版发行　黑龙江美术出版社
地　　址　黑龙江省哈尔滨市道里区安定街225号　邮编：150016
网　　址　www.hljmscbs.com
策划出品　合璧堂（北京）文化发展有限公司
经　　销　全国新华书店

出 品 人　金 畑
责任编辑　李 旭　颜云飞
策　　划　momokii
设计制作　曾 妮　虹 人　彩虹兔子
制版印刷　深圳市雅佳图印刷有限公司
开　　本　787mm×1092mm　1/16
印　　张　9
版　　次　2017年7月第1版
印　　次　2017年7月第1次印刷
定　　价　95.00元
书　　号　ISBN 978-7-5593-1247-1

版权所有·侵权必究
如本图书印装质量出现问题，请与印刷公司联系调换。联络电话：0519-86669672

前言

"湿者"，所以传道授业解惑者也。读者不必不如"湿"，"湿"不必"咸"于读者。问道有先后，术业有专攻，如是而已。

这是一本关于印台的书。

自2012年6月接触月猫印台，尔来3年又8个月。和很多新人一样，面对五花八门的印台总是不知从何下手。后来幸运地经营了自己的网店，面对小伙伴们的各种疑惑，却不能做出良好的答疑，这成了一个大难题。

于是我决定亲自尝试这些印台，把自己的体验分享给大家，一起走进印台的世界，享受愉快的手工过程。就这样，2014年的元旦，一篇名为"湿说印台"的帖子出现在贴吧当中。

经过两年多的时间，"湿说印台"已经有20篇印台专题，以及一款关于阴影套色的应用帖。

回望第一篇拙劣的文字，苍白的解说和简陋的照片，以及被抢走的第一个"沙发"，满是幸福的回忆。很多一路同行的小伙伴已然完成了学业的晋升，也有不少走进了婚礼的殿堂。一篇篇的帖子，让我们见证了彼此的成长。

而今，更加写实的描述，贴近生活的解说，独立风格的拍摄，以及习惯性地自抢沙发，让我爱上了颜色的世界。细想"颜色究竟是什么"，大概，这就是幸福的密码。

终于有这样一个机会，让自己的经验实体化，成为大家在新手村升级的良品，简直无比荣幸。

当然，颜色这种密码，有千百万种组合，究竟哪一组才是打开你幸福之门的钥匙，还要靠你自己去探索和寻找。在这条路上，你永远不会孤单，一定会有小伙伴同行。也许未来的岔路口，彼此不得不分道扬镳，但是记忆里的那片色彩，会永远印在故事的某一页。

这条路上，始终有我。

胡椒大湿

2016年4月10日

第一章 印台的作用 ……006
第一节 DIY橡皮章 ……008
第二节 成品印章 ……012
第三节 涂色 纸艺 ……023

第二章 印台的基本知识 ……028
第一节 颜料与染料 ……030
第二节 水性与油性 ……030
第三节 适用的印章 ……031
第四节 纸品的选择 ……032
第五节 常见问题 ……032

第三章 印台的种类 ……034
第一节 基础型 ……036
Artnic 纸用艺术单方印台（AS）……037
Artnic Midi 纸用艺术单方印台（ANM）……044
Encore 纸用金属色印台（US）……045
Color Palette 渐变印台（CP）……047
Nijico 纸用多色渐变印台（NJ3）……049

第二节 细节型 ……050
VersaFine 高等细节印台（VFS）……051
Classique 复古铁盒印台（CQ）……053

第三节 纸木布用型 ……055
VersaCraft 纸木布多用单方印台（VKS）……056
VersaCraft 纸木布多用小间敬子特调色（VKS-K）……059
VersaCraft 津久井智子纸木布多用蚕豆指套印台（VKB）……062
VersaCraft 纸木布多用渐变多色印台（VK-4/VK-6）……065
Memento Luxe 纸木布多用印台（ML）……067

第四节 水滴型 ……070
Brilliance 珠光水滴形印台（BD）……071
VersaMagic 粉彩水滴形印台（GD）……075
Memento 水性水滴形印台（MD）……078

第五节 万能型 ……081
StazOn 速干型万能印台（SZ）……082
StazOn Midi 速干型万能印台（SZM）……084
StazOn Opaque 不透明速干型万能印台（SZ）……086
StazOn Metallic 不透明金属色速干型万能印台（SZ）……088

第六节 特殊型 ……089
Kaleidacolor 彩虹印台（KA）……090

第四章　颜色的世界 ……092

第一节　红 ……095

第二节　橙 ……097

第三节　黄 ……100

第四节　绿 ……103

第五节　蓝 ……108

第六节　紫 ……113

第七节　粉 ……117

第八节　棕 ……119

第九节　黑白灰 ……122

第十节　金属色 ……124

第五章　色彩趣闻 ……126

后记 ……141

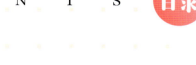

C O N T E N T S　目录

Chapter One
第一章 印台的作用

说到印台，大多数人一定会想到红色的办公印台，各种圆的公章，或者方形的名章。对于我们来说，印台其实是一种把颜料装在海绵台座里面的工具，它和管状的书写工具、装在瓶子里的墨水，以及装在牙膏袋里的水粉颜料没什么本质的区别。既然做成了印台状，那么更多的还是为印章准备的吧！

第一节 DIY橡皮章
Part One

玩印章是一种乐趣，自己雕刻印章也是一种乐趣。
缤纷灿烂的印台，让我们手工做的橡皮印章有了丰富的表现力。
作品不再孤单。

那么手工橡皮章怎么玩呢?

且看来自扑扑的简易操作流程。

1. 选择自己喜欢的图案,把它画到橡皮砖的表面或者用硫酸纸配合铅笔把它拓印到橡皮砖上。

2. 使用30°刀片的笔刀比较好。沿图案的线条外侧,以约45°的角度下刀,先切上一圈。

3~4. 以上一步骤切好的边线为参照,从外围反方向下刀,形成V字形切口。

5. 这样就可以取下外围的橡皮屑了。

6~7. 使用丸刀(一种刀刃为圆弧形的刀)均匀地挖掉内部橡皮。挖掉之后的结构叫作"留白"。

8~9. 补刀,确保留白足够深。此刻留白比较参差,接下来把它削平。

10~12. 使用印刀曲(一种刀刃拐弯的斜刃刀)将留白部分的凸起仔细削掉。最后形成的平整留白,叫作"平留白"。

13~14. 再次用笔刀沿外框的外侧更深地切入。

15~16. 使用美工刀,以片刀的方式将外围切下来。

17. 可以直接使用美工刀把外围切掉,然后使用可塑橡皮清理转印痕迹。

18. 选个喜欢的印台颜色,"啪啪啪"地印吧,配上涂鸦什么的,会很方便!

如何做出美丽的留白？

橡皮章的图案部分刻好之后，要开始处理留白，也就是不能被印出来的部分。
以下为大家介绍几种常见的花式留白。

拉面留白

1. 用圆规从角落开始画一个半弧。在半弧外再画一个更大的半弧，层层叠加。

2. 可多画几个半弧交叠在一起。

3. 将边缘划一圈。

4. 跟着每一层半弧刻出形状，在夹层交接处下刀。

5. 刻完第一个小拉面后沿着最外层的夹心刻，然后再刻掉每一个半弧。

6. 这样一个拉面留白就刻好了。

★用拉面留白做背景刻的锦鲤。

玫瑰花留白

1. 画一个小三角。

2. 以小三角的三个边为直径画三个半圆。

3. 接着用刀尖倾斜进入橡皮将铅笔线条一起刻掉。

4. 用弧线连接每两个半圆的中心，又得到新的半圆（半圆层数增多半圆弧度也要适当增大）。

5. 继续刻半圆。刻第二层半圆时，要将夹层颜色刻掉（后面几层半圆也要将夹层刻掉）。

6. 多刻几层后，留白就像一朵玫瑰花了！

★ 用玫瑰花留白刻的花环。

三角留白

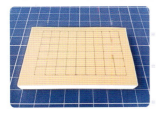
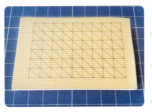
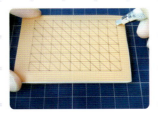

1. 用尺子在橡皮砖上画出网格状。

2. 往同一方向连接方形对角线。

3. 先从边缘开始刻。

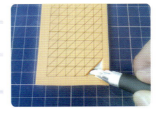

4. 当刀刻到网格之间的交点时，将刀片抽出至接近刀尖部分（刀尖不能离开橡皮）轻轻划过交点处。

5. 划过交点处后再深入。

6. 如此"深入浅出"地刻完边缘以后，就可以开始刻斜线。当刻到夹层部分时下刀不能太深。

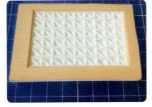

7. 到网格间的交点将刀片抽出一点，再深入（与雕刻边缘的方法相似）。

8. 刻完以后就是这样的效果！

★ 用三角留白做背景刻的"福"字。

Part Two 第二节 成品印章

不一定每个人都喜欢花时间自己去刻章嘛!
没关系,你可以买到很多工艺精致而且多种多样的成品印章。
利用各种成品印章的图案,配上不同的颜色,就可以轻松做出漂亮的作品。

贺 卡

现在关于贺卡的制作越来越火，作为一名手工党，最享受的莫过于看一个个漂亮的小东西从自己手中诞生出来。接下来为章友们介绍制作贺卡的一些林林总总。

贺卡的基本知识

1. 起源

据说贺卡起源于唐太宗时期，我国一向是礼仪之邦，古时人们常赠送贺卡来表达谢意，它代表着人们对生活的期冀与憧憬。

2. 分类

现多以节日来直接给贺卡命名，例如新年贺卡、圣诞卡等。为了方便后面的说明，这里主要用它们的特点来进行分类：基础卡和摇摇卡。

3. 补充说明

虽然这一段讲的是贺卡的基本知识，但大家肯定发现这块的篇幅特别少。做卡一般关注其过程，就像一位美人，人们大都关注她的气质与形象，很少会关注她的出身及背景。因此我的重点主要在后面的部分。

工具介绍

卡纸、印台、凸粉、橡皮章（成品章）、上色工具、胶类、遮蔽模板、其他。

卡 纸

做贺卡用的卡纸用得最多的是250g的荷兰白卡，因为315g的荷兰白卡对于做贺卡来说稍微有些厚，250g的对我来说刚好（主要看个人习惯）。还有一些特种卡纸，如宣纸、硫酸纸、彩卡等，这个主要看所做贺卡的需求。

印 台

印台的种类有很多，像水性、油性、布用、金属等，同时用于做卡的印台也有很多，这里不一一介绍了（主要看个人印台的收藏种类）。举个简单例子吧，背景我主要会用"Ranger"的美国复古印台（以下简称"美复"）和"月猫KA"，线条会用"月猫铁盒"。

凸 粉

如果用比喻来形容凸粉在做卡中的地位，就像盐在烹饪界中的霸主地位一样，虽然这个比喻有些夸张，但凸粉毋庸置疑是极为重要的。白色、金色和透明是三个很基础的颜色，做很多卡都会用到它们，它们的作用还是很大的。至于其他一些好看的凸粉，遇见了就三个字：买买买！因为凸粉这玩意儿很多都绝版了，再产的可能性很小，要是看见了自己喜欢的，一定不要手软。

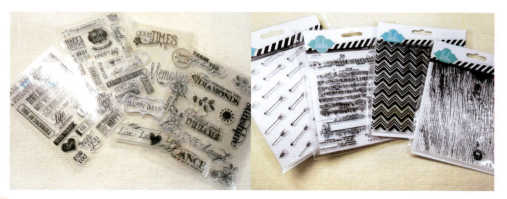

橡皮章（成品章）

不论是橡皮章还是成品章，它们的作用都是在卡纸上印上图案。要是遇到一些不想刻的图（比如一些复杂的英文）就可以买成品章。

上色工具

上色工具的话，本人只有两套月猫小型指套（共六个），一个大号的涂抹工具和一个上色刷，总体不是很多。其实我觉得做卡对于上色工具的要求不是很高，一个小的和一个大的就够了。

胶类

做卡过程中经常会遇到一些要粘贴的情况，如果有点状胶（也叫点点胶）时，我会用点状胶，但要是没有，就只能用双面胶了。如果有一些小宝石或者扣子要粘时，一般用图中最上面的胶或水晶胶来粘。水晶胶还可以作为点缀，少量地滴在卡表面作为装饰。除了用于粘贴的胶外，这里要提到一种比较少见的胶，是Ranger的闪光胶水，这个胶超级美！图中的色号是icicle（冰柱的意思），背光看是蓝色的亮片，对着光看是金色的。

遮蔽模板

先从遮蔽板的用法说起吧，一般都是把它固定，然后拿上色工具刷的。它常用于做背景或部分的背景之类的。比如懒得做背景了，它就可以派得上用场。

其他

做卡的工具有很多，像上面说了这么多也不过是一小部分，尤其是国外一些做卡达人，他们的工具更是多得吓人。对于新人来说，这个坑的花费绝对是很高的，比如当你发现月猫的涂抹工具很好用时，又爱上了Ranger的涂抹工具，总之就是不买心里不踏实的感觉。所以入坑需慎重啊！当然也没有这么吓人，毕竟诸位的印台就花了不少吧。

正经来说，其他一些简单的工具就在这儿提一提，不详细说了——圆角器、印花器、牛骨折纸刀、珍珠液、珍珠粉、做摇摇卡的填充物、用来染卡的墨水、切割器、切圆器……

贺卡的制作过程

基础卡

1. 准备一张10cm×15cm的白卡，用来染卡的印台是"美复"tattered rose, picked raspberry, scattered straw三款印台。

2. 染卡的过程简单，就是用"美复"直接拍在亚克力板上，再喷上水，混匀，最后把亚克力板倒扣在白卡上就OK了（或者把白卡放在亚克力板上），图中为最终成品。

制作/筒子ww

基础卡

3

4

5

3. 准备几个成品章（或者自己刻的章）和浮水印台。把成品章压在亚克力板上（成品章能做到的，放心吧，实在不行就在成品章背面添一点水就可以压住了）。

4. **TIP**: 若成品章上有不想要的部分，可以用纸胶带把那部分粘住，这样就不会看见啦。

6

7

8

5~6. 成品章粘好后印上浮水再撒上凸粉，图中的是金色凸粉。

7. 图中为所有凸粉吹好的样子。

8. 选择一张废卡，涂上黑色印台（涂的时候找不到铁盒的玛瑙黑，所以用CP的渐变灰来代替），有黑卡的可以直接用黑卡。

9

10

11

9. 跟上面的做法一样，这次的凸粉用的是日产的白色凸粉（具体哪个牌子忘了），再吹凸粉，吹完最后用美工刀把吹好的部分裁剪成矩形。

10~11. 用泡沫胶把矩形方块儿粘在染好的卡上。

12

13

14

12. 把卡裁小一些，方便粘在另一张白卡上（为了美观）。

13. 粘前用圆角器在卡的四周裁个角。

14. 完成了成品。

016

制作／筒子WW

摇摇卡

1. 准备两张10cm×15cm的白卡，一张画上方框。

2. 准备一个涂抹工具（图中为月猫大型涂抹工具，可以考虑入手）和"美复"，色号为shaded lilac、broken china、salty ocean。

3. 第一层色是shaded lilac，用涂抹工具蘸取印台，坚持少量多次的原则，因为是第一层色，需要在白卡上大量涂抹，但也不用把整张卡刷得满满的，有浅有深的感觉即可。

4. 第二层色是broken china，这个色只需要在之前浅色区刷上就行了，不用刷太多，淡淡地刷上一些，营造出一种朦胧的感觉。

5. 最后一层色是salty ocean，这个色很深，因此涂抹工具蘸少量，点在深色区，加强整张卡的感觉（有点像点亮的效果）。

6. 用美工刀裁去之前提到过的有框的白卡，把框裁下来。

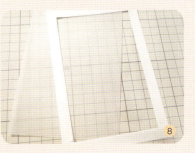

7~8. 准备一张10cm×15cm的硫酸纸，再用双面胶把二者粘起来。

9. 依旧是成品章，依旧是白色凸粉，依旧是之前基础卡的做法。

10~12. 这里介绍一个特殊的技巧，将Ranger的闪光胶水挤在染过的卡上，用一小块废卡刮均匀，这样就会有闪闪发亮的效果。

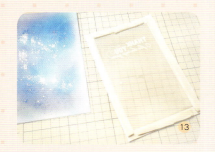

13. 在那张做成边框的卡上粘上泡沫胶，泡沫胶粘在有边框的地方，不要超出边框，尽量粘整齐。这里特别说明一下，因为摇摇卡里会放上一些填充物，因此泡沫胶粘时，最好是粘得严实一点。如果不严实的话，体积较小的亮片有可能会掉出来，这种时候有两个选择，一是做卡时把它贴好，二就是更换一些体积较大的亮片。

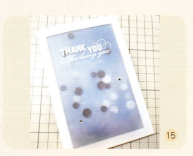

14~15. 边框加上小亮片之类的，再把底卡粘上。

16. 用了一点儿闪光胶水，好喜欢哦。

心得及感受

　　总之，关于做卡就讲这么多了。希望这次的教程能对你们有帮助！做卡是一门综合的手艺，因为它要求做卡者得掌握很多的技艺，像染卡、凸粉，包括基本的刻章技艺等。我觉得最重要的，就是要发挥你们的想象力，做卡就是一个点子一个点子造就的。做卡没有多困难的，掌握了基本的技巧，在基础上加入改变，就是创新。

　　手工党们享受创作的过程，我本人也很喜欢做卡。对于我来说，在闲暇之余做一些自己喜欢的事，就很幸福了。最后，衷心地祝愿你们喜欢做卡，享受做卡；也希望这个教程真的能帮到你们！

星 印

工 具 材 料

白卡（选择较厚的，这次的为400g）、切圆器（此处为NT Cutter的IC-1500p，可用别的切圆器代替亦可手工裁剪）、镊子、浮水印台（VersaMarks）、成品章、亚克力板、热风枪、点点胶、金银凸粉（国产金色和银色凸粉、Stampendous DP102 细节金，亦可用其它凸粉代替）。

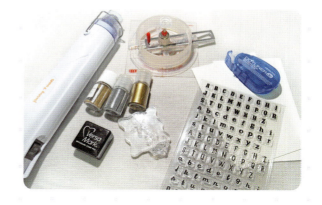

制 作 过 程

1. 将切圆器上的标尺调至4cm处。　　2. 用切圆器在白卡上切出两个圆形卡。　　3. 用浮水印台拍满圆形卡的一面。

019

制作／槭酱

 星印

4. 在拍了浮水印台的一面上撒上金色凸粉（细节金）。

5. 用热风枪吹圆形卡面，使凸粉融化。

6. 待凸粉凝固后在其表面重新拍上浮水印台，再次撒上金色凸粉。

7. 重复4~5步骤，为了使凸粉表面更饱满，需要在圆形卡面上融化三至四层凸粉。如使用大颗粒凸粉，则只需融化一至两层。需注意：卡面上凸粉越多，凝固的时间越长。

8. 将选好的成品章粘在亚克力板上。

9. 将热风枪垂直于卡面吹，使凸粉表面饱满平滑，直至圆卡边缘的凸粉稍稍凸起，形成一条边。

10. 趁卡表面的凸粉还未凝固，印上成品章，停留一段时间，确保凸粉已凝固。

11. 移开成品章。

12. 按照3~11步骤再做一个圆卡，此圆卡表面的图案可用多个成品章组合印制。

13. 在做好的两片圆卡没有凸粉的一面涂上点点胶，将两张圆片黏合在一起。

14. **TIP**：若图案没有印制好，则可用热风枪对着表面吹一段时间，使凸粉融化，图案便会消失。

15. 可以多尝试几种颜色。

16. 从前至后依次是Stampendous DP102 细节金、国产银色凸粉、国产金色凸粉。Stampendous的凸粉表面更为平滑，国产凸粉则易出现气泡。

橡皮章手柄

用软陶和超轻黏土可以制作出富有创意而又独特的橡皮章手柄，对于小章子来说非常合适，让章子更加有艺术感。看到这些可爱的手柄，是不是有动手的冲动呢？那么就继续往下看吧！

下面简单介绍一下超轻黏土和软陶。

超轻黏土主要是运用高分子材料发泡粉（真空微球）进行发泡，再与聚乙醇、交联剂、甘油、颜料等材料按照一定的比例物理混合制成，材质轻，可自然风干，风干时间为一到两星期，表面风干的时间为三小时。一套的市场价在20元~35元，便宜且通常附赠工具，是制作手柄的较佳选择。

软陶是聚合物和无机填料混合而成的一种复合物，比超轻黏土更结实，并有一定重量，相对来讲不易坏。市场价比超轻黏土贵10元~20元。软陶需要烘干，一般用烤箱、吹风机。但是对于橡皮章圈的小伙伴来说，烤箱贵而热风枪比较普及，所以下列软陶制作均用热风枪烘干，时间为5分钟~20分钟，时间长短主要看作品大小。

萌萌的小兔子　　工具材料

工具：超轻黏土及辅助工具、亮油、胶水（万能胶、502、白胶等，能粘牢即可）、干净的工作台。

制作过程

1. 用白色黏土揉出一个球，大小与你所准备做手柄的章子差不多。
2. 将球揉成水滴状，底部按平。

3. 捏出兔子耳朵和尾巴并按上去，其中制作耳朵时先揉两个小球，再揉成纺锤状，压扁后用笔刀划出纹路。

4. 分别用红色和粉色黏土做眼睛和腮红，用笔刀雕出鼻子嘴巴。

5. 用丙烯颜料为兔子嘴巴和耳朵上色。

6. 制作装饰物（小花）时，先揉五个小球，压扁后用工具做成花瓣状，再合成一朵小花。

7. 做两朵小花和一个绿色底面，底面比兔子稍大一些。

8. 将两朵小花和一个绿色底面与兔子相连接。

9. 晾干后涂上亮油，并用胶水与章子连接，就完成了。其中右边的涂了亮油，与左边的对比起来效果非常明显，闪亮闪亮的。

工 具 材 料

工具：软陶及辅助工具，亮油，干净的工作台（此处用亚克力板）。

制 作 过 程

1. 用白色软陶做出一张"薄饼"，保证其成圆形，并把握好大小以及厚度。

星空海豚派

2. 借助抹刀（其他类似工具均可）做出像苹果派一样的外形。

3. 用丙烯颜料上色，外表是烧好的派，内部是星空。

4. 将一大团透白色（注意不能是白色软陶，只有透白色能做出半透明的感觉）和一点蓝白色混合，不需要均匀混合，然后捏成海豚的样子，并用热风枪烘干。

5. 往内部倒入滴胶，并撒入一些亮片和亮粉，放入海豚，晾干后就完成了。如果喜欢立起来的海豚，可以先用胶水粘上海豚再倒入滴胶。这是梦幻感很强的手柄，很适合小萌章和字章。

第三节 涂色 纸艺

Part Three

无论是自己DIY印章,还是成品印章,都是做出漂亮纸艺作品(甚至是布艺作品)的基本元素。正如前面所讲,印台只不过是一种装在海绵台座里的颜料,所以颜料能做的事情,印台都能做!

染 卡 教 程

又到过节的时候了？不知道送朋友什么有诚意的礼物？那么自己亲手做的贺卡应该诚意满满了吧。刻章的小伙伴有手艺做贺卡得天独厚，不过自己做贺卡如果只有橡皮章未免有点太单调了，于是把章子背景印或染成各种样式的染卡应运而生。

染卡主要是为了使自己做的纸艺品不那么单调。染卡的方式有很多，没有最好的染卡方式，只有搭配章子最适合的，我们可以根据不同的章子进行不同方式的染卡，做出不同感觉的贺卡。

"美复"刷色

"美复"即为美国复古印台，用"美复"刷色得到的染卡即使颜色不是同一个色系最后成品过渡也很自然。当然也可以用其他水性印台，这里推荐"美复"。

工具：美国复古印台、刷色工具（刷色工具有圆形有长方形，这里用的是圆形的）、备用刷色海绵（刷色工具和海绵是可以粘上再揭下来的）、白卡卡纸。

1. 将刷色海绵粘到刷色工具上，蘸取印台，从卡纸边缘开始，以打圈方式往卡纸上刷色。防止颜料涂到垫板上可以垫一张纸。注：一定要用打圈的方式，由空白边缘开始刷起，一点点慢慢往卡纸中间刷色，否则颜色会不自然。

2. 换颜色继续以同样打圈方式由边缘开始刷色，直到颜色刷满整张卡纸。

3. 中间颜色浅的或过渡不自然的，可以再蘸取印台在颜色不自然的地方进行晕染刷色。然后就完成了。

"美复" 刷色升级版

1. 用浮水印好章，上好凸粉吹好。

2~4. 以同样打圈方式刷好全部颜色。

5. 过渡不自然的地方调整下。

6. 刷色完毕，接下来可以用小刷子往刷好色的卡纸上掸几滴水珠，然后拿餐巾纸把多余水滴吸干，会有意想不到的效果。

7. 最后用章子和其他工具装饰一下刷好色的卡纸，一张独一无二、心意满满的贺卡就做好了。

云朵刷色

工具：牛皮卡等硬的卡纸、刷色工具、印台和其他卡纸。

1~2. 在牛皮卡上画出想要的云朵样式，剪裁下来，得到云朵模板。

3. 将云朵模板比对在卡纸上，从边缘开始刷色。多次重复步骤2得到想要的云朵形状。

4. 盖上合适的章。

5. 完工。可以尝试刷上不同的颜色，会得到完全不一样的效果。

橡皮章和摇摇卡

1. 准备工具。用切割模板在卡纸上切出想要的素材，另外准备好橡皮章和印台，胶水，一些闪亮的小珠子或亮片等。

2. 用印台和染色工具将想要贴在中心的白色圆卡纸刷上想要的颜色。

3. 印上橡皮章图案。

4~5. 在底面的黑色卡纸中间涂胶水，将之前印好的白色圆卡纸贴到黑色卡纸的中央。

6. 将环形卡纸一个叠一个地贴到黑卡上（要留一个环形卡纸做封面），若想做厚一点，可以增加环形卡纸的数量。

7. 在刚刚留出的环形卡纸下面贴一张透明胶片，可以用薄塑料片或热缩片等透明材料替代。

8. 用剪刀沿着环形的外圈，将透明胶片剪成圆形并与环形黑卡贴严实。

9~10. 把亮片和闪亮的小珠子倒进刚刚做好的摇摇卡中，并将做好的封面贴上，压紧，不能有缝隙，以免摇摇卡里面的亮片掉出。

11. 将剩余的摇摇卡零件贴上。

12~15. 一个简单的摇摇卡就做好了！试着摇一摇吧。

★ 用橡皮章装饰的其他摇摇卡展示。

总结：用橡皮章或成品章图案来装饰摇摇卡是非常快速出效果的方法，也可以用纸胶带、贴纸，或直接用手绘的方式进行装饰，是一个既简单又好看的手工作品。

027

Chapter Two
第二章　印台的基本知识

　　小小的印台含有丰富的知识，如前文所述，印台其实就是装在海绵里的颜料。而颜料的发展史则是人类在自然科学上发展成就的重要参照物。工业革命以前，有些颜料甚至要用到昂贵的宝石来做原材料，历史上不乏各种"贵族色""皇家色"，并不仅仅是因为王侯将相喜欢它们，更重要的是，它们造价不菲！随着时代和科技的进步，物理学与化学的飞速发展，似乎现在很难出现某种过于昂贵的颜料了，人类对于颜料的研究方向则更加侧重于功能和效果。

第一节 颜料与染料 / Part One

我们可以在印台的包装中发现Pigment Ink与Dye Ink两种说法。Pigment便是颜料，而Dye就是染料（如右图）。Pigment与Dye通常会明显地标注。

简单来讲，颜料与染料最根本的区别在于其分子状态。染料在墨水中是以单个分子的状态存在，而颜料则是由无数个颜料分子聚集成的絮团组成。在上色的时候，染料可以称为"染色"，而颜料只能称为"着色"。

我们在印台中使用到的大多数是颜料而不是染料。由于分子状态的原因，颜料比染料的耐光性和稳定性要好得多，所以在我们的概念中，总喜欢把印台里各种形态的墨水称之为"颜料"。

在月猫印台中，只有Memento（MD）、Kaleidacolor（KA）以及StazOn（SZ/SZM）的透明墨水被称之为"染料"，其他类别均属于不同性状的"颜料"。

在本书中，我们用"颜料"一词来统称印台当中的墨水，不再做出"颜料"与"染料"的细分。

第二节 水性与油性 / Part Two

我们习惯性地用水性和油性来区分颜料的性状，显然这样并不够细致。

在月猫各种系列的印台中，我们可以看到液态颜料，如VersaFine（VFS）、Classique（CQ）、Memento（MD）、Kaleidacolor（KA）以及StazOn（SZ/SZM）（事实上，染料墨水必然要求溶剂的性状非常稀）；也可以看到膏状颜料，如VersaMagic（GD）；还有一些介于膏与液体中间形态的浓稠液体，如Brilliance（BD）、VersaCraft（VK）、Artnic（AS）等等。

虽然Memento（MD）与VersaMagic（GD）的性状迥异，但它们都可以称作水性（Water-Based），也就是说它们都可以被水调和，尽管Memento是溶解在水中，而VersaMagic是悬浮于水中。

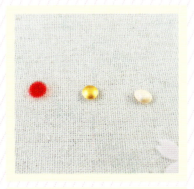

液态、浓稠、膏状颜料的性状比对

但是水状的颜料和水溶的颜料在使用效果上存在较大的差异。水状的颜料通常是透明的，它们无法覆盖背景的颜色，于是即便使用更多的颜料，也无法让水状的颜料在黑色的纸上显色。而浓稠的水溶性颜料则不同，只要覆盖得足够厚，一定可以在黑色的纸上看到它们的颜色。

无论是水状的还是水溶的颜料，只要把它们弄得足够湿，它们一定会出现晕染的现象。

很多时候，我们会根据需要，主动地对水状或者水溶的颜料加水来进行漂淡或者晕染，但是油性（Oil-Based）的墨水就没有这种功能了。

涉及油性的颜料也有液态与浓稠的分别，VersaFine（VFS）与Classique（CQ）就是液态油性颜料的代表，它们的溶质是非常细腻的颗粒，溶剂也是速干而且稀薄的液体，所以当它们印在纸面上的时候，颜料会迅速被吸收或者挥发掉，把颜料颗粒留在纸上，保持了最好的细节性。Encore（US）则是浓稠的油性印台，由于金属光泽的成分很难溶解于溶剂当中，所以就需要浓稠的油性溶剂来保持它们的状态，于是我们遇到的很多金属色都会出现印油沉淀的情况（试想如果用水来做溶剂的话，沉淀的就更快了）。

油性的颜料几乎都有很强的抗水性，所以把它们与水性颜料用在一起，就可以极大程度地避免串色混色的情况，对于套色染色之类的操作非常有帮助。

除了上面说到的水性与油性，还有一种溶剂型（Solvent-Based），StazOn就是这样的类型（如右图）。

由于StazOn实现了在任何表面都可以使用的功能，所以它们的溶剂是以有机溶剂或者高分子成膜剂为载体，将颜料或者染料分散在载体中形成的油墨体系。所以我们在清洗StazOn的颜料时，需要用到专用的StazOn清洁剂，而普通的水或者清理油渍的皂剂对它几乎是无效的。

第三节 适用的印章 Part Three

尽管我们大多数时候是把颜料用在纸上或者是未涂装过的木头以及布料这种有吸收性的材料上，然而印章本身的材料，往往会因为颜料的性状而影响印制出来的效果。

我们常见的印章材料大致有TPR橡皮、PVC橡皮、木料、石料、亚克力和硅胶等。

DIY橡皮章的材料通常是TPR橡皮和PVC橡皮。TPR橡皮表面呈亚光，略显粗糙，表面缝隙较多，因此比较容易吸收颜料，无论油性还是水性的颜料都可以在TPR橡皮上均匀地分布，因此图案印出来的颜色效果通常比较均匀。而PVC橡皮则相对柔韧、光滑，很多液态颜料在PVC橡皮表面会出现凝聚的效果，导致印出来的图案比较斑驳、不均匀，尤其是大面积的色块。

木料印章几乎都是吸收性的，大部分印油会被深深地吸附在印章表面，几乎不太可能被洗掉，虽然很多时候在使用液态颜料能保持细节完好，但是频繁换色会最终导致印章表面串色而最终变成黑色。

石料印章的表面几乎都是非吸收性的，因此大多数时候会出现比PVC橡皮还要严重的斑驳感，于是膏状颜料或者油性颜料更加适合石料印章的使用，但不要对色块的均匀度抱太大希望。

亚克力与硅胶印章通常都是透明的，非常利于在套色时对准位置，但是光滑的表面同样会让液态颜料无法印制出充实的色块，而油性染料也会使它们的表面染色，所以膏状的颜料或者溶剂型颜料更加适合它们的发挥。当然在必要的时候，可以用细砂纸在印章表面打磨，以获得均匀上色的效果。

第四节 纸品的选择 Part Four

尽管印台的种类很多，足以让各种颜色在任意表面上发挥作用，但我们通常使用的仍然是纸。

各种各样的卡纸

国内的纸品，可以说是五花八门，质量方面也是参差不齐。往往同一个印台，在不同的纸面上会出现不同的效果，而颜色不同的纸面，也会让一些印台的颜色视觉效果发生偏差。

那么说到纸品，我们不得不先用白纸举例。

无论是印章还是涂色，我们始终认为白纸最能够显示出颜料的本来色彩，但是白纸之间也会分成本白、漂白、乳白等若干色泽。

纸张的厚度通常以若干克来形容，比如300克白卡，指的是此种白卡一平方米的重量是300克。

就同一种纸而言，显然是克数越大，厚度越大。但是这种规律不能跨种类比较，质量与工艺不同的白卡，尽管都是300克，可能厚度会相差一倍。

我们使用的打印纸，通常在70克左右，而达到150克以上通常会被称作卡纸了。

性状不同的颜料在纸上会造成不同的效果

然而真正影响我们印制效果的，可以说是由纸张的"密度"决定的，纸纤维越致密越不会出现晕染的情况。可以根据使用的要求来选择纸张，但是市面上也有一些非常难用的纸张，虽然看起来和一般的卡纸没有区别，但是真正用颜料印制上去，会发现难以晾干，色块不均匀，而且会出现印章打滑的情况。

单纯就印章与涂鸦两种用途而言，选择高质量高密度的卡纸，才更加利于发挥。

就纸品的色泽与风格方面，大体可以分为白纸系、旧色纸系、情景纸系以及彩纸系。

旧色纸系大多以黄色、棕色、灰色为主，体现做旧以及褪色的古典感，透明色颜料可以利用这样的旧色背景来模拟褪色的效果。使用深色调的非透明颜料则更能体现颜料古典的味道。

情景纸系大多在纸面上带有特效图案或者纹路，可以令简单的印章以及涂鸦变得更加生动，更加有情境感。

彩纸系则多为纯色纸，根据情况进行印制和剪贴，良好的印台配色会让作品锦上添花。

第五节 常见问题 Part Five

想和丰富的印台们一起愉快地玩耍，一定要端正自己的一些态度。很多时候，由于大家对印台效果有不正确的认识，导致热情降低和出现心理落差等不愉快的情况。

玩手工是一件幸福的事情，所以你在选印台之前，一定要认识以下的问题：

什么颜色最好看？

答： 并没有最好看的颜色，如果草坪是黑色的，天空是棕色的，海洋是红色的，大地是紫色的，皮肤是橙色的，你还会觉得它们好看吗？也许我们可以总结出一些比较受欢迎或者比较泛用的颜色，但这不代表哪个颜色就是好看的，冷门不一定就丑，热门不一定就美。正如黑色与白色，无所谓美与不美，而黑色的人气总是比白色的旺，可这又能说明什么呢？

印台这么多种类，该买什么印台呢？

答：如果对印台了解得很少，又完全没有打算用在纸以外的介质上，那么放心的按照你心目中喜欢的颜色来挑选吧。一般来讲，应该有一个黑色，一个自己喜欢的红色，一个美好的蓝色，以及一个清爽的绿色。你还可以为自己量身选择一款棕色，如果必要，一个强调功能的灰色也是值得购买的。至于其他的，需要的时候，你自然就会知道如何挑选了。

哪种线条好？哪种细节好？哪种色块好？

答：线条与细节大多数时候与颜料本身属性有关，除了专门为细节而生产的VersaFine（VFS）以及Classique（CC）以外，其他的印台细节都根据印章上的颜料量、印章介质以及印章表面有着很大的关系。但是无论如何，头发丝也不会被印成筷子那么粗。

色块总是印不实是怎么回事呢？

答：印章印制一定不要和印刷品相比，只有很小概率可能会做到印刷那种饱满的色块，把手工印章的效果强调成机器印刷本来就是不现实的情况。因此只要不是影响观赏的瑕疵，那就已经算是成功了！

洗章很困难怎么办？

答：虽然有专用的清洗剂，但是仍然无法做到完美清洁，刀缝、细小的部分，总是会残留一些颜料，这些一定都是无法避免的。就像拖把，即便每次拖地后都去清洗，最终还是会变得乌突突的。

印台变色是怎么回事？

答：如果你确保印台没有在高温或者持续强光照射的情况出现，那么变色只可能是因为印油中的溶质沉淀造成的，使用硬币或者刮片之类的硬物在印台表面均匀刮动，帮助印油重新混合，就可以让印台恢复青春了。最容易变色的CQ-22（如图①），使用硬币就可以让它恢复蓝色。有金属或者珠光光泽的印台（如图②）在不均匀的时候，使用硬币帮助它混合均匀，就可以发挥正常效果。

印台可以用多久？用多少次？

答：这是一个非常难以回答的问题，就像我们无法计算一支笔可以写多少字一样。当然，一个印台不会糟糕到用个三五次就干掉，单纯就耐用性上来说，VersaFine（VFS）与Classique（CQ）两种是非常非常耐用的。印台的使用寿命要分时间和使用面积来看，如果是阶段性的，不是天天都使用，按时间算大概2年；若经常使用且使用面积较大的，小印台大概可盖10平方米左右。

印台可以放多久？

答：虽然没有太过充分的实际测试，不过只要确保避光、避高温、密封、不倾斜放置这几个要素的话，存放三到五年是完全可以的。可是，如果你买来三五年都用不掉的话，还买它干吗！

印台有毒吗？

答：如果你准备把它吃掉，那一定是有毒的。当然也不要接触身体的黏膜部位，比如眼睛。由于不同颜色的颜料原料有所区别，所以部分颜料会有气味。虽然有些很好闻，但是不要故意去闻，尽管不会让你中毒，但是毕竟不太健康。

色差是怎么回事？

答：我们看到的颜色，通常取决于三个要素：眼睛、光源和背景。颜色本来的色相是固定不变的，但是不同人的眼睛对色彩的辨识度是不同的（色弱与色盲患者）；白炽灯、日光灯、冷色或者暖色的灯光、太阳光，都会影响颜料本身反射光的效果；而对于一些透明或者覆盖性差的颜料来说，背景的颜色会与颜料本身的颜色进行叠加，产生视觉上的差异。于是色差总是无法避免，更不要说在不同的显示器或者印刷的媒介上看到的不同效果了。

Chapter Three
印台的种类

第三章

每当我们睁开双眼，呈现在视野里的内容可以归纳为两部分——色彩与线条。而线条却又仅仅是两个不同颜色之间的分界线。那些能够给我们带来视觉愉悦的事物，终究都是靠色彩来构成的。色彩，就像视觉里面最基本的单位一样，简单却又充满魔力。

第一节 基础型 Part One

Artnic 纸用艺术单方印台（AS）

编号	名称	颜色数	属性	补充液	大盒	清洗
AS/ANM	单方	98	水性/颜料	有	无	水/清洗剂
细节	浮雕粉	速干	抗水	打印纸	卡片纸	硬纸板
优	可	否	否	优	优	良
铜版纸	相纸	木	布	陶瓷/玻璃	皮革/橡胶	塑料/亚克力
中	中	良	差	差	差	差

湿说：

Artnic家族的产品非常丰富，除了单色AS/ANM以外，Color Dalette与Nijico系列都是使用的Artnic颜料。作为月猫全部产品的基础，该系列拥有众多的数量，共106种，几乎可以找到所有你需要的颜色，并且没有太多复杂的属性，与我们常用的水彩颜料类似，主要用于普通的纸品，细节方面也还好。另外该系列颜料属于水溶性，大多数颜色都很好洗，不过也有少部分会有不同程度的残留。

AS-11 Canary 金丝雀

非常标准的黄色，色泽鲜艳浓郁，辨识度很高。可以列为光谱色的一种。

AS-12 Marigold 金盏花

金盏花是一种经典的颜料素材，略像芒果般的橙色，温暖而舒适。

AS-13 Orange 橙色

同样是光谱色中标准的橙色，颜色里透露着橙子般的香甜。

AS-14 Scarlet 绯红色

一种艳丽的深红色，略显浓厚但不失艳丽。动漫游戏中经常看到"斯卡雷特"的音译。

AS-15 Magenta 洋红色
介于红蓝之间的颜色,而且由等量的红蓝光混合而成。CMYK中的M便是这个颜色。

AS-16 Peony 芍药紫
芍药科的花朵里面,单独有种叫做紫牡丹的东西,芍药紫牡丹正是这种紫中透红的颜色。

AS-17 Violet 紫罗兰
月猫中紫罗兰颜色比较多,而这种标致的紫色,象征高贵与端庄,通常为皇家所用。

AS-18 Royal Blue 皇家蓝
中世纪欧洲皇家战袍或者战旗惯用的蓝色,在中世纪的大不列颠相当盛行。

AS-19 Cyan 青色
标准的青色,介于蓝绿之间的一种鲜亮的颜色。CMYK中的C便是这个颜色。

AS-20 Turquoise 绿松石
最出名的绿松石印台是GD-15,绿而偏蓝的色泽带来奇幻辽阔的视觉感受。

AS-21 Green 绿色
毫无修饰的名称,象征着这个光谱色中标准的绿色,RGB三原色中的G就是这个颜色。

AS-22 Fresh Green 鲜绿色
新鲜的绿色也可以叫作翠绿色,比光谱绿色多一份活力,又比萌芽绿色多一份成熟。

AS-23 Rose Red 玫瑰红
如红玫瑰般的颜色,比光谱红色要深沉与厚重,但由于其热情的象征该颜色常用于各种礼服。

AS-24 Opera Pink 歌剧粉
意指歌剧演员妆容中用到的一种偏紫的粉红色,也可以在京剧花旦的脸谱中看到它。

AS-25 Cardinal 主教红
这就是我们日常概念中的大红色,名称源于天主教中红衣主教的法袍,非常纯正的红色。

AS-26 Boysenberry 博伊森莓
名称来自一种杂交的草莓,造型和桑葚很像,而颜色方面也和紫色的桑葚汁类似。

AS-27 Indigo 靛蓝色
靛蓝色是一种稍微偏深的蓝色,但又不能说是深蓝色,介于蓝色和蓝黑色之间。

AS-28 Pacific 和平绿
名称Pacific并非指太平洋的意思,而是取 "和平" 之意,象征和平的绿色,宁静而祥和。

AS-29 Evergreen 常青绿
象征各种常青植物的深绿色,深沉、稳重,矗立于寒风中与雪岭呼应,一种接近于墨绿的颜色。

AS-31 Apricot 杏黄色
刚刚成熟的杏子颜色不同于芒果色,它看起来更加偏粉一点。略带俏皮可爱的粉橙色。

AS-32 Coral 珊瑚色
我们可以在各个系列中看到珊瑚色，这种偏奶油感的粉红色，可以用香醇细嫩来形容。

AS-33 Pink 粉色
月猫定义中的标准粉色，唇膏中常见的粉色，多数时候用来布置梦幻与爱情的场景。

AS-34 Orchid 兰花
兰花色也是登场率极高的颜色，这种偏紫的粉色常被当作"糖果色"的一员。

AS-35 Lilac 紫丁香
可以称之为萌妹紫，没有紫罗兰那样端庄，也不像薰衣草那么优雅，带着几分可爱和俏皮。

AS-36 Heliotrope 浅紫色
本意是青莲色，较其他紫色而言更加悠扬与飘渺，仙气十足，如梦境般的美丽。

AS-37 Lavender 薰衣草
象征着优雅、安宁、芬芳，朦胧悠长，单纯是颜色就已经能够传达出薰衣草的芳香。

AS-38 Sky Blue 天蓝色
每个人心目中都有一个天蓝色，这款如同春季爽朗的清晨，还没有放下夜的宁静。

AS-39 Aqua 水蓝色
本意是水绿色，但是印台本身并无绿色特征，而是一种晶莹剔透、水润明快的蓝色。

AS-40 Mint 薄荷绿
薄荷本身不是这种绿，正因为这种绿色带有一丝蓝色的清凉，被广泛用于各种薄荷产品。

AS-41 Apple Green 苹果绿
没有苹果是这样的绿色，但是我们可以从各种糖果中找到这种明亮清爽又带点酸味的绿色。

AS-42 Lime 青柠
印台海绵显示的颜色像是青柠皮的，而印出来就是青柠肉的颜色了。酸味浓烈的黄绿色，色弱不易辨认。

AS-51 Ocher 黄土色
亦称"赭黄"。赭，赤者，意思是光秃秃的没有东西，象征着荒芜、袅无人烟的土色。

AS-52 Topaz 黄玉
既像是黄玉，也像是琥珀，或者还像是南瓜色。黄中透红，润泽，浓郁，明亮。

AS-53 Cocoa 可可
月猫中的可可色大多指牛奶巧克力的颜色，香浓丝滑，偏向奶油黄的一种棕色。

AS-54 Brown 棕色
棕色属于橙色的衍生色，由橙色偏黑色得来，所以我们可以见到很多棕红色和棕黄色。

AS-55 Umber 焦茶色
来自日本传统色的命名，灰度很高的棕红色，比较像巧克力牛奶或者咖啡牛奶。

AS-56 Cinnamon 肉桂色
灰色调压制了粉色本身的轻浮与活泼，这是一种低调而不失可爱的灰粉色。

AS-57 Old Rose 旧玫瑰色
被晾干的红玫瑰花瓣根部便会呈现这种内敛的粉色，时光的流逝阻挡不住狂热的气氛。

AS-58 Smoke Blue 烟熏蓝
舞台常用的蓝色烟雾便是这样的效果，轻盈、朦胧、飘渺、玄幻，神秘的低灰度蓝色。

AS-59 Peacock 孔雀蓝
孔雀翎上的一种略显暗沉但又端庄典雅的蓝色，田园装饰中用来表达古典与尊贵的颜色。

AS-60 Celadon 青瓷色
略显陈旧的灰绿色，中国画中常用来描绘园林假山，也常出现在民族建筑和服饰当中。

AS-61 Olive 橄榄绿
月猫中难得像绿色的橄榄色，略显祥和与安宁的绿色，不张扬但又不失气场。

AS-62 Moss Green 苔藓绿
苔藓有很多种绿色，这里的苔藓绿更加偏向新生苔藓那种轻盈的感觉，自然气息十足。

AS-63 Split Pea 豌豆绿
直译是裂开的豌豆，豌豆成熟之后会自然裂开，豌豆皮就是这样严重偏黄的绿色。

AS-64 Khaki 卡其色
徘徊在浅黄、棕、绿三色之间的颜色，很多人觉得它是黄色，不过印台本身是透着绿色的。

AS-66 Burgundy 酒红色
勃艮第是地名，这个地方的葡萄酒在古罗马时期就享有盛名，于是它成了红酒的代名词。

AS-68 Atlantic 大西洋
大西洋一样辽阔、无限、神秘、优雅的蓝色，蕴含着无数的生命，也潜藏着无数的危险。

AS-69 Bamboo 竹绿色
比起新竹的绿色，这个竹绿色异常写实，竹子在大多数时候都是略显土灰的淡黄绿色。

AS-80 White 白色
只是很普通的白色，使用的时候由于颜料覆盖的厚度不同会呈现明显的差异。

AS-81 Sky Gray 天空灰
天空多云时很容易见到这种灰色，尤其是阴冷的冬季和雪前的阴天都是冷调灰色。

AS-82 Black 黑色
只是很普通的黑色，黑色通常比较百搭，适合任何风格的图案。

AS-83 Chateau Gray 城堡灰
用来代指欧洲城堡外墙的灰色，加上风化的效果，便会呈现一种略微偏暖的淡灰色调。

基础型 / Artnic

AS-91 Gold 金色
与US-10完全一样，只是类目不同，它更擅长在深色纸上表现，白纸上AS-191更加凸显效果。

AS-92 Silver 银色
与US-12完全一样，只是类目不同，同样在深色纸尤其是黑色纸上会呈现明亮的光泽。

AS-93 Copper 铜色
与US-22完全一样，只是类目不同，在白色纸上很难发挥效果，在深色纸上呈现出铜褐色。

AS-94 Bronze 青铜色
与US-24完全一样，只是类目不同，无论在黑纸白纸都可以良好呈现效果，偏向红铜色。

AS-100 Vermilion 朱红色
国画中常用朱红色来作为名章的颜料，也叫朱砂色，是一种偏橙色的红色，略显温暖与柔和。

AS-101 Camellia 山茶花
一款偏粉的红色，虽然粉色不明显。红色的花朵在稚嫩的时候通常会有类似的颜色。

AS-102 Azalea 杜鹃花
这款紫色微微偏红一点点，比起纯正的紫色来说多了几分清爽、活泼和俏皮的气质。

AS-103 Imperial Blue 帝国蓝
容易造成视觉混乱的蓝紫色，混合了妖媚与端庄的气质，与VKB-T62紫阳花的颜色相同。

AS-104 Lagoon Blue 泻湖蓝
如同群山间流泻湖水一样的蓝色，宁静、安逸、悠扬且富有诗意，偏向绿色的蓝色。

AS-105 Tropical Green 热带绿
一种浓郁却鲜亮的绿色，仿佛萦绕在热带森林中的植物与水混合在一起的充满躁动般活力的绿色。

AS-106 Spring Green 春绿
跟VKS-122同名又同色，每年惊蛰过后华北地区很容易发现这样的绿色，几乎代表新生。

AS-107 Sunflower 向日葵
与豌豆射手站在一起的家伙！太阳之王忠实的信徒。温暖的黄色几乎还原了光谱中黄色本来的样子。

AS-121 Citron 佛手柑
颜色来源于佛手柑这种水果，轻浮却飘香，明亮而妖艳，动画中常见萤火虫使用类似的黄色。

AS-122 Harvest 丰收黄
秋季晚霞下的丰收农场，让人感觉充盈着幸福和温暖，一派满足的橙色景象。

AS-131 Narcissus 水仙花
像水仙花一样柔和清爽的淡黄色，也是人类肤色中的黄色调，加入少量粉色效果更佳。

AS-133 Seashell 海贝
在贝壳内侧经常可以见到它，人类肤色中的粉色调，与AS-131和AS-182一起使用效果更佳。

AS-134 Petal Pink 花瓣粉
清新、爽朗、明快，充满梦幻色彩的粉色，像欢乐的小精灵一样，见到它很容易忘却悲伤与烦恼。

AS-135 Hyacinth 风信子
颜色来源于紫色风信子，这种清淡的紫色特别像是梦境里淡紫色的雾气，充满迷幻和奇妙的魅力。

AS-136 Baby Blue 淡蓝色
与VKS-142 同名同色，一种非常浅并带有朦胧意境甚至有些灰暗的冷色调淡蓝色。

AS-137 Pale Blue 苍蓝色
同样是非常淡的蓝色，不过色泽上稍微偏绿且明度很高，如同透过薄云看到的蓝天一样悠长。

AS-138 Seafoam 海洋泡沫
已停产。海浪打在礁石上的泡沫，在阳光下就能呈现出这样梦幻般的淡蓝绿色。

AS-139 Cool Mint 清凉薄荷
非常清淡而活泼的绿色，薄荷的清凉气息仿佛通过颜色就已经进入鼻腔，提神醒脑。

AS-140 Chiffon Green 雪纺绿
基于雪纺材料轻薄透光透气的效果，唯有这样透亮的淡绿色可以体现雪纺的特质。

AS-151 Sand Beige 砂黄色
偏向米黄色像砂土的黄色，颜色中夹杂着少量历史的积淀与尘埃，体现荒芜与凄凉的颜色。

AS-152 Ash Rose 玫瑰尘
冷酷而昏暗的粉紫色，象征着颓废与衰落，通常可以从褪色的场景中找到它们的身影。

AS-153 Mauve 淡紫色
这个紫色并不淡，更像是透过迷雾看到的紫色，不太容易让人抓到它的明暗度与饱和度。

AS-154 Bark 树皮
树皮有很多种颜色，我们在这里见到的通常出现于古典家具当中，非常有原木的气质。

AS-155 Paprika 辣椒红
我们遇到的干辣椒粉通常都是这样的颜色，经过风干与日晒，它夹杂了阳光的颜色。

 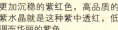

AS-156 Raspberry 木莓紫
登场率很高的紫红色，木莓果汁通常都是这样的颜色，充满水润感，晶莹并带有一丝的热情。

AS-157 Amethyst 紫水晶
更加沉稳的紫红色，高品质的紫水晶就是这种紫中透红，低调而华丽的紫色。

AS-158 Lapislazuli 天青石
天青石与青金石通常是同一种东西，在清官的帽子上可以发现这种颜色，象征着威严与崇高。

AS-159 Mountain Lake 高山湖
高山之中的湖水一定是宁静、安详、深邃、远离喧嚣的城市，像悬浮于天空中的水世界。

AS-160 Winter Green 冬绿
冬天的绿色是浓厚而苔有一点点活力，不像常青绿那样暗沉和低调。

AS-161 Green Tea 绿茶
这是茶叶而不是茶汤的颜色，从茗香之中散发出来的中国气息十足的清爽绿色。

AS-171 Pinecone 松果
你可以在路上捡到成熟的松果，比松露的棕灰色要明亮一些，内敛而不失古典的味道。

AS-172 Grape 葡萄紫
如果一个颜色代表一种水果，那你很容易把它认作是葡萄色。提到深紫色，第一想到的一定是它。

AS-173 Neptune 海神蓝
海神是不会住在浅海中的！唯有宇宙一般深邃无限的深海才能代表海神的宫殿。

AS-174 Charcoal 木炭灰
介于灰与黑之间甚至还带着少量墨绿色的灰色，把烧了一半的木炭涂在墙上，就是这样的颜色了。

AS-181 Vanilla 香草色
这当然是代表了香草冰里的香草。偏灰的淡黄色，可以配合棕色或者黄色作为阴影来使用。

AS-182 Bisque 橘黄色
本身非常像是肤色的淡橙色，与AS-131和AS-133一起配合使用效果更佳！

AS-183 Cement 水泥灰
清淡而且偏暖色的灰色，不会和任何颜色形成冲突，是阴影套色常用到的颜色。

AS-184 Misty Mauve 朦胧紫
迷雾般的淡紫色，可以称之为灰紫色，与各种紫色配合作为阴影色非常合适。

AS-185 Polar Blue 极地蓝
人迹罕至的地区，天空与冻土合为一线的蓝色，冰冷而且神秘的极地之蓝，整体非常偏向灰色。

AS-186 Laurel Leaf 月桂叶
介于灰蓝色与灰绿色之间的奇怪颜色，如果你不喜欢没有口味的灰色，那就尝试一下这个吧。

AS-187 Sage 鼠尾草
年轻的鼠尾草，不起眼的小清新，同样是灰度的绿色，却蕴含着活力的气息。

AS-191 Golden Glitz 闪光金
接近于BD-91，较AS-91的金色而言，这个金色璀璨而绚丽，更适合在浅色纸上发挥效果。

基础型 / Artnic Midi

Artnic Midi 纸用艺术单方印台（ANM）

AS系列的中型版本，共有18个颜色。颜料属性与AS是完全一样的。
这里介绍ANM中特有的8个颜色，分别是7个荧光色与1个金属色。

ANM-71 Neon Yellow 荧光黄
最早被广泛应用的荧光色，在电子文稿中也经常被用作高亮标记的颜色之一。

ANM-72 Neon Orange 荧光橙
同样是色泽非常明亮的荧光色，也适用于各种需要高亮的场合。

ANM-73 Neon Coral 荧光珊瑚
荧光珊瑚粉色比较温暖，但是效果更加艳丽和醒目。

ANM-74 Neon Pink 荧光粉
粉色的荧光色就不会像黄色橙色那样明亮了，使用撞色设计的服装中可以经常见到它。

ANM-75 Neon Purple 荧光紫
同样广泛用于布料的荧光色，不会像黄色那样夺目，但是非常艳丽和丰满。

ANM-76 Neon Blue 荧光蓝
唯一的纯冷调荧光色，就像魔法世界中的霜火冰焰一样高冷和气势强烈。

ANM-77 Neon Green 荧光绿
第二个被发明的荧光色，同样很明亮但是更加护眼，受很多人的偏爱。

ANM-192 Silvery Shimmer 闪光银
与AS/ANM-191闪光金的特性一样，神秘的灰银色，更适合用在浅色纸。

Encore 纸用金属色印台（US）

编号	名称	颜色数	属性	补充液	大盒	清洗
US/UM	金属/纸金	12	油性/金属	有	有	水/清洗剂
细节	浮雕粉	速干	抗水	打印纸	卡片纸	硬纸板
良	可	否	否	优	优	良
铜版纸	相纸	木	布	陶瓷/玻璃	皮革/橡胶	塑料/亚克力
中	中	良	差	差	差	差

湿说：

在Artnic中就混杂着US系列的产品。当我们不满足于常规颜色的表现力的时候，金属色印台往往可以锦上添花，为印章效果增加不少特效。与Artnic系列不同的地方在于US系列的溶剂是油性，而且底色的着色力很强，通常无法将印章清洗得很彻底。但是作为纸用印台，它的印制效果和亲纸性都非常好，很适合作为印台入门使用。

US-10 Gold 金色

与AS-91完全一样，只是包装不同。非常适合黑色纸，而在白色纸上表现力不佳，并不会有太多金色的气质。白色纸上更加推荐 AS/ANM-191和BD-91。

US-12 Silver 银色

与AS-92完全一样，只是包装不同。同样在黑色纸上异常耀眼夺目，而在白色纸上则看起来更像是灰色。白纸上使用ANM-192和BD-93更加合适。

US-22 Copper 铜色

与AS-93完全一样，只是包装不同。同样由于颜料属性特殊，在白纸上的表现力可以说是很差，不过拿到黑色纸上则充分表现出一种充满古典味道的棕铜色。

US-24 Bronze 青铜

与AS-94完全一样，只是包装不同。十分好用的红铜色，无论在黑纸还是白纸上，表现力都非常优秀，色泽饱满浓厚。

基础型 / Encore

US-02 Pink 金属粉

此款粉色高贵、神秘，富有成熟气息。最适合用于有代表女性的图案，或者力图表现金属炫目华美感觉的花朵以及雕饰。它同时在各种底色纸上都有良好表现。

US-04 Purple 金属紫

浑厚、优雅而端庄的紫色，王室绸缎的经典颜色。同样适用于花朵、雕饰，以及充满成熟女性风格的图案。当然用在男性风格图案上，紫色则凸显妖娆和妩媚。

US-06 Blue 金属蓝

我们经常可以在大街上看到这种色泽的车漆！同样具有皇家气息的颜色，是艳丽而不夸张的底色，时而深邃、时而迷离，仿佛黄昏后的夜空，又趋近于浅海的幽蓝。

US-08 Green 金属绿

十分周正的绿色，在更多的场合这种绿色会被称为"湖水绿"，它绝对可以吸引"绿色控"的目光。用粉色作玫瑰花，月绿色作为叶子，是无可挑剔的搭配。

UM-401 Enchanted Evening 迷人的夜

已停产。这款印台由US-02、04、06、08组成，命名十分贴合印台配色的意境，似夜间的霓虹灯，又仿佛灯红酒绿映衬下的纷繁世界。这组配色以浓厚深邃为主旨，颜色过渡鲜明。

UM-402 Sweet Dreams 甜蜜的梦

已停产。印台由US-14、16、18、20组成，它的颜色过渡比较柔和，完全是以渐变的方式组合。整体体现的是一种朦胧梦幻的感觉，如同其名！十分少女的一款印台。

US-14 Satin Rose 玫瑰绸缎

与US-02 不同的地方在于，这个粉色更加趋向于红色，看起来令人感到温馨而舒适。如果把US-02比作一个古灵精怪的小姑娘，那么US-14就是一位温婉可人的大姐姐。

US-16 Teal 水鸭蓝

其实也叫作蓝绿色。有金属光泽做陪衬，它比起其他叫作水鸭蓝的印台更加接近于鸭子脖子上的羽毛，同时我们还可以从孔雀翎上面看到这样的光泽。

US-18 Honeydew 哈密瓜

US系列人气最低的一款印台，底色十分接近VFS-62西班牙青苔，是一款黄绿混搭的颜色。比起US-08来，这个更加拥有植物的活力。

US-20 Champagne 香槟

虽然通常被称为香槟金，但是它的金色效果几乎是没有的，而是一种略微发黄的晶莹的银色。车漆中常常会看到它的身影。由于颜色效果十分神秘和独特，所以拥有不少粉丝。

Color Palette 渐变印台（CP）

编号	名称	颜色数	属性	补充液	大盒	清洗
CP	CP渐变	12	水性/颜料	有	有	水/清洗剂
细节	浮雕粉	速干	抗水	打印纸	卡片纸	硬纸板
优	可	否	否	优	优	良
铜版纸	相纸	木	布	陶瓷/玻璃	皮革/橡胶	塑料/亚克力
中	中	良	差	差	差	差

湿说： CP系列印台是基于Artnic系列印台构成的多色印台，虽然我们习惯性地称之为渐变印台，但严格来讲只有同色系的颜料才能称之为"渐变"色。CP印台的颜色属性与AS系列完全相同，金属色部分则秉承US系列的颜料属性，亲纸性很好，清洗也相对简便，所以作为入门级的渐变印台是非常不错的选择。其中CD-511渐变灰是本系列的特色产品，是非常热门的渐变色之一。

基础型 / Color Palette

CP-301 Christmas 圣诞色
由圣诞节标准的颜色红、绿、金三色构成，非常具有节日气息的配色方案，大多数的图案都可以轻松用它营造节日的气息。

CP-302 Treasure 金银色
简单粗暴地将金、银、铜三色组装在一起构成的复合色彩印台。由于全部都是金属色，所以颜色分界部分精作混合处理会令视觉效果更好。

CP-501 Primary 基础色
这里的基础色并非像NJ3和KA那样使用光谱颜色，而是选用了较为活泼和明快的颜色作为构成元素，色调构成更加清新与生动。

CP-502 Tropical 热情色
也可以叫作热带色，除了黄色以外，其他四色都偏向于粉嫩柔和的颜色，整体趋向于梦幻、柔和、顽皮和可爱的气质，童趣十足。

CP-505 Pink Shades 渐变粉
由浅到深的粉色系过渡颜色，粉色渐变自然少女心十足，如果你对粉色有独特的情节，那么这款印台是你必须拥有的一款。

CP-506 Purple Shades 渐变紫
这款看起来变化并不算太流畅的渐变紫，另外四个颜色都是偏蓝系的紫色，女王风范十足。中间的粉紫色恰恰好把女王的公主心表现了出来。

CP-507 Blue Shades 渐变蓝
如天空般浩瀚，如海洋般辽阔。我们总有太多的描述用来形容蓝色，那种远离浮躁，远离喧闹，只有风与浪交汇带来的味道与触感，才是渐变蓝真正的意境。

CP-508 Green Shades 渐变绿
渐变绿并不像KA-18的配色那样鲜艳亮丽，更多的是一种沧桑和低沉，有点像午后的草坪，有几分慵懒，有几分松弛，又有几分老成。

CP-509 Red Shades 渐变红
有很强古典味道的红色渐变印台，几乎是除了灰之外最百搭的渐变印台之一。同样由于黄色的效果，它热情，却沧桑，有如黄昏之景，似火热，似深沉。

CP-510 Brown Shades 渐变棕
CP的棕色渐变就像大地的颜色。它毫无例外地选取了几乎最标准的棕色，既不偏红也不偏黄，所以它毫无意外地继承了棕色百搭的特性。

CP-511 Gray Shades 渐变灰
无论你是否擅长玩渐变，这个渐变灰都不会给你带来太多麻烦，混色也只是会让过渡更加自然。所以既然你想入CP，渐变灰自然是首选。

CP-512 Yellow Shades 渐变黄
这个如同灿烂阳光一般的渐变印台，并不会让人觉得它颜色太浅以至看不出来。相反比它渐变红多了很多活力和生机，颜色过渡也是自然而流畅。

Nijico 纸用多色渐变印台（NJ3）

编号	名称	颜色数	属性	补充液	大盒	清洗
NJ3	NJ3渐变	5	水性/颜料	有	有	水/清洗剂
细节	浮雕粉	速干	抗水	打印纸	卡片纸	硬纸板
优	可	否	否	优	优	良
铜版纸	相纸	木	布	陶瓷/玻璃	皮革/橡胶	塑料/亚克力
中	中	良	差	差	差	差

湿说： Nijico算得上月猫家族中最奢华的多色印台了，每个印台有7个色块之多，尺寸也是最大的。配色方案以彩虹风格为主，每一款都有独特的风格，无论是明快的还是朦胧的，都以不同色调的色块构成，虽然配色方案仅5个，但足以应付一切场合了。印油也使用Artnic系列，与AS印台的属性完全相同，同样的亲纸性，即使玩家是入门水平也可以轻松驾驭。

NJ3-1 Vivid 鲜艳色

以金盏花黄为起点，绿色结束的光谱式渐变，每个颜色都选取了比较标准的光谱色，颜色之间过渡得既明显又流畅。

NJ3-2 Pastel 柔和色

与名字一样，它的效果显然是柔和得不得了，因为每个颜色都十分的柔嫩轻快的，配色也是从黄到绿的顺序。

NJ3-3 Earth Tone 大地色

虽然印台本身的颜色并不那么美好，但正因为棕色的加入，使得本套配色异常能够体现出古典以及百搭的风格。

NJ3-4 Misty 迷雾色

比起柔和色更加朦胧迷幻的配色，全部配色都带有些许灰度，令它更加适合渲染背景色，特别是用来染卡片。

NJ3-5 Neon 荧光色

由ANM中七款强烈的荧光色构成由粉到紫的光谱配色，炫丽夺目的感觉几乎毫无例外地给印章的图案强行增加特效。

Part Two 第二节 细节型

VersaFine 高等细节印台（VFS）

编号	名称	颜色数	属性	补充液	大盒	清洗
VF/VFS	高细	12	油性/颜料	有	有	清洗剂
细节	浮雕粉	速干	抗水	打印纸	卡片纸	硬纸板
强	可	是	是	优	优	良
铜版纸	相纸	木	布	陶瓷/玻璃	皮革/橡胶	塑料/亚克力
中	中	差	差	差	差	差

湿说：

VFS高细印台非常适合入门级玩家使用，配色虽然仅有12色，但是个个都是经典色，在任何颜色的背景下都会发挥出优秀的表现力（黑色纸不行喔）。而且极致的细节表现力会充分展示出印章的每一个细节，经久耐用，实力非凡。只不过普通水洗很难洗掉颜色，想让印章恢复白白净净几乎是不可能的事情。

细节型 / VersaFine

VFS-10 Satin Red 绸缎红
如鲜红绸缎般明亮的红色，大多数时候可以作为正红色使用。

VFS-11 Crimson Red 深红
厚重深邃的红色，带着陈旧与古典的感觉。

VFS-12 Habanero 哈瓦那
色彩源于哈瓦那辣椒，鲜艳而明快的橙色。

VFS-18 Majestic Blue 庄重蓝
中世纪欧洲贵族惯用的蓝色，象征着高贵与正义。

VFS-19 Deep Lagoon 深泻湖
如深邃湖底般宁静、安详的深蓝色，青花装饰中常用。

VFS-37 Imperial Purple 帝王紫
象征皇权与尊贵的紫色，深沉且顽强。

VFS-52 Toffee 太妃糖
源于太妃糖的颜色。温馨、香醇且顺滑的棕黄色。

VFS-54 Vintage Sepia 复古棕
古典色彩的代表，充满浓烈的历史气息。

VFS-61 Olympia Green 奥林匹亚绿
伴随众神传说一起走来的古老而有底蕴的墨绿色。

VFS-62 Spanish Moss 西班牙青苔
正被阳光偷窥的苔藓绿，年轻而富有活力。

VFS-82 Onyx Black 玛瑙黑
最实用和最耐用，人气最旺的黑色，入坑必备。

VFS-83 Smokey Gray 烟熏灰
尘封数载，苍老而凝重的深灰色。

Classique 复古铁盒印台（CQ）

编号	名称	颜色数	属性	补充液	大盒	清洗
CQ	复古铁盒	12	油性/颜料	无	有	清洗剂
细节	浮雕粉	速干	抗水	打印纸	卡片纸	硬纸板
强	可	是	是	优	优	良
铜版纸	相纸	木	布	陶瓷/玻璃	皮革/橡胶	塑料/亚克力
中	中	中	差	差	差	差

湿说： CQ印台与VersaFine高细印台配色类似，我们可以说它是高细印台的强化版。单纯作为纸用的印台来说，它当之无愧的是印台之王。加上独特的颜色贴图以及铁质印台盒，即便是收藏也会显得很有价值。如果你正式接触月猫印台，CQ-82玛瑙黑是必须要拥有的黑色，不仅细节色块优秀，还相当的耐用。不过CQ印台要注意在潮湿地区的保存方式，否则印台盒很容易生锈。

CQ-11 Crimson Red 宝石红

虽然本名是深红色，但已经被赋予宝石红这样高贵的名字了。它虽然不是大红色却完全不失鲜亮的感觉，色泽饱满浑厚，既显得活力十足，又显得庄重典雅。

CQ-21 Navy Blue 海军蓝

这是在所有蓝色中最显成熟稳重的蓝色。这个蓝色百搭到无极限，它有着深蓝色的深邃，还有海军般英姿勃发的气质。无论是用来印一发萌图还是写实图，它都轻松胜任。

CQ-22 Misty Blue 迷雾蓝

最容易变色的印台！不过你可以通过使用硬币刮抹印台面来进行调教。迷雾蓝应该是它正常形态的颜色，是一种偏灰的天蓝色，就像隔着雾气看蓝天一样。

CQ-36 Lilac Haze 朦胧紫丁香

它是迷雾蓝的紫色版，是一个有点俏皮可爱但是又带有一些神秘感的颜色。除了一般印台以外还可以尝试用它上色或者点缀渲染卡片，能轻易带来梦幻般的感觉。

CQ-37 Imperial Purple 帝王紫

当你上色比较浓厚的时候，帝王紫呈现的效果非常像黑色，但是在强光下，它显示出的是华丽、庄重、威严的紫色，如同帝王驾临一样的华贵。

CQ-41 Rose Dust 玫瑰尘

与Ash Rose这样的名字不同，这款更像是玫瑰花幻化成尘埃一般散布在迷雾当中的感觉，并没有太多可爱的感觉在里面，相比之下更显得古典、温馨和内涵。

CQ-51 Raw Sienna 赭黄

这个印台名称本来意思就是说它像原始自然的黄土那样的颜色，没有被人类的足迹玷污过，只有风吹日晒和时间的积淀。非常适合拿来做印章的试印色。

CQ-53 Cocoa Brown 可可棕

在复古风格的棕色里，可可棕是最受欢迎的一款。原因很简单，因为复古棕太过古板，而可可棕带有一些牛奶巧克力的感觉，看上去比较香醇，滑得像丝一样。

CQ-54 Vintage Sepia 复古棕

它几乎表现了棕色一切可以表现的古典魅力，无论是千年的古木，老旧的地板，或者是泛黄的典籍，你能想象到的陈旧都可以从它身上找到，而且意境的代入感非常强悍。

CQ-61 Olympia Green 奥林匹亚绿

这是一款传承着千年奥林匹克橄榄枝精神的墨绿色，绝对是复古系列中必不可少的一个颜色。浓厚的色调在光线不佳的情况下会被误认为黑色。

CQ-63 Leaf Green 叶绿

这是一款绿色偏黄的颜色，是如此清新，似乎无法把它和复古二字挂钩。说它是朦胧，却十分充实；说它有陈旧感，却十分饱满。几乎是一种近乎自然的和谐。

CQ-82 Onyx Black 玛瑙黑

你几乎没有理由去拒绝拥有一款CQ玛瑙黑，因为作为公认的、百搭的黑色，而且集成各种优点于一身的时候，它就成为了所有黑色的首选。

VersaCraft 纸木布多用单方印台（VKS）

编号	名称	颜色数	属性	补充液	大盒	清洗
VKS/VK	布方	35	水性/颜料	有	有	水/清洗剂
细节	浮雕粉	速干	抗水	打印纸	卡片纸	硬纸板
良	可	否	否	良	良	良
铜版纸	相纸	木	布	陶瓷/玻璃	皮革/橡胶	塑料/亚克力
中	良	优	优	软陶适用	差	差

湿说：

VersaCraft是一个相当大的类目，其颜色数甚至超过了Artnic。VKS是VersaCraft最早的类目也是配色中比较中规中矩的颜色，我们可以从这里找到各种光谱色以及标志性颜色。而在后面VKS-K和VKB系列当中，配色则更加偏向生活和艺术性。VersaCraft系列可以通过加热的方式来固定印在布料上的颜色，比如热风枪、熨斗、烤箱等工具。这样就可以让你自己的印章作品更容易走进生活——手帕、白T恤、桌布、床单等一切布用制品都可以用印章来进行创作了。

VKS-111 Lemon Yellow 柠檬黄

非常纯正的光谱黄色，柠檬黄这个名字，就是熟透了的新鲜柠檬的外皮颜色。

VKS-112 Tangerine 橘红色

既不会偏红也不会偏黄的中性橙色，仍然是橙色这个名词的标杆颜色。

VKS-114 Poppy red 罂粟红

罂粟红的名字不止一次在月猫颜色中出现，而这里的正是一种非常纯正的红色。

VKS-115 Cherry Pink 樱桃粉

我们总喜欢称之为玫红色,其实这更像是桃花盛开时候的粉色,由红色偏紫而得。

VKS-116 Peony Purple 芍药紫

在AS当中也有芍药紫的出现,不过相比之下这里的芍药紫更加像是正紫色。

VKS-118 Ultramarine 深蓝色

在美术中应该叫群青色,最早的群青色非常昂贵,而且它还是美术中最不够用的蓝色。

VKS-119 Cerulean blue 蔚蓝色

如大雨后放晴的天空一样的蔚蓝色,悠扬,剔透,清爽。

VKS-121 Emerald 祖母绿

模仿祖母绿宝石的颜色,浓厚而沉稳的绿色,较光谱绿而言略显清透。

VKS-122 Spring Green 春绿

与AS-106同名又同色,只不过这款的春绿还可以用在木头和布料之上。

VKS-125 Garnet 石榴石

模仿石榴石的紫红色,非常偏向红色的紫色,整体色调虽然浓厚但并不昏暗。

VKS-131 Maize 玉米黄

粉嫩的浅黄色,非常像鲜榨玉米汁的颜色,有几分顽皮活泼的气息。

VKS-132 Apricot 杏黄色

粉嫩的橙色,刚摘下来的成熟杏子的表皮就泛着这样的嫩橙色。

VKS-133 Rose Pink 玫瑰粉

与MD-400玫瑰花蕾颜色类似,是一种非常明快干练且英气十足的浓粉色。

VKS-134 Bubble Gum 泡泡糖

与草莓味泡泡糖的惯用色是一样的,小心不要把这个印台嚼到嘴里。

VKS-136 Wisteria 紫藤

紫色的粉嫩版,仍然秉承着轻盈、可爱、梦幻的气质。

VKS-137 Pale Lilac 淡紫色

比起VKS-136更加清淡的紫色,同时还有些许偏向蓝色,增加了朦胧的气氛。

VKS-138 Sky Blue 天蓝

很好用的清爽天蓝色,比较符合我们对天蓝色的通俗定义。

VKS-139 Pale Aqua 浅蓝色

比起刚才的天蓝色,这款略微偏绿,更像是小清新的水蓝色。

VKS-140 Mint Green 薄荷绿

与AS-40同名又同色,也是看到颜色就能感觉到冰凉触感的绿色。

VKS-141 Kiwi 猕猴桃
偏黄的浅绿色，比起草绿色更加细腻与柔和，像是猕猴桃中心的颜色。

VKS-142 Baby Blue 淡蓝色
呈灰色而稍偏紫的淡蓝色，仍然属于朦胧色的一种，与AS-136同名又同色。

VKS-152 Sand 砂黄色
非常像是沙滩的颜色，当你的作品中有黄土或者沙滩元素的时候它一定是首选。

VKS-153 Autumn Leaf 秋叶
秋意很浓的棕红色，如同秋日黄昏中覆盖在森林土壤上的落叶一般。

VKS-154 Chocolate 巧克力
最像是巧克力的巧克力色，同样也是非常纯正的棕色。

VKS-156 Brick 砖红色
砖红色是一种棕红色，由红橙色加少许黑色就可以得到这种建筑外观常见的颜色。

VKS-157 Ash Rose 玫瑰尘
这里的玫瑰尘和AS系列的玫瑰尘如出一辙，像是玫瑰干花瓣根部的颜色。

VKS-158 Sky mist 天空迷雾
灰蒙蒙的蓝色有着非常神秘的气质，作为营造古旧效果的惯用色也是很适合的。

VKS-160 Celadon 青瓷色
略带田园风格的灰绿色，常见于民族服饰与瓷器之中。

VKS-161 Burgundy 酒红色
仍然是勃艮第命名的酒红色，就像透过灯光看到的红酒一样清透而深邃。

VKS-162 Midnight 午夜蓝
如同夜空一样无限而辽阔的深蓝色，点缀些许的星光，足不出户就可以感受天空。

VKS-163 Forest 森林绿
茂密的森林中总是不乏这种深绿色，比墨绿更加有生机和活力。

VKS-165 Pine 松树绿
比起VKS-163更加偏黄，于是就有了松树一样经历多年风霜的沧桑感。

VKS-180 White 白色
非常简单的白色，覆盖效果一般，用来做热缩片会弥补一部分它自身的缺陷。

VKS-181 Cool Gray 冷灰
最泛用的阴影灰，如果你对营造阴影惯常使用的灰色不好把握，选它肯定不会出错。

VKS-182 Real Black 纯黑
由于可以用在布料，而且黏性不错可以做浮雕粉，所以在众多黑色印台中值得首选。

VersaCraft 纸木布多用小间敬子特调色（VKS-K）

编号	名称	颜色数	属性	补充液	大盒	清洗
VKS-K/VK-K	小间	30	水性/颜料	有	有	水/清洗剂
细节	浮雕粉	速干	抗水	打印纸	卡片纸	硬纸板
良	可	否	否	良	良	良
铜版纸	相纸	木	布	陶瓷/玻璃	皮革/橡胶	塑料/亚克力
中	良	优	优	软陶适用	差	差

湿说： 从VersaCraft系列单独划分出来的类目，由日本手工达人小间敬子女士推荐的30款生活用颜色。本系列印台与VKS特性完全一致，配色方面更加贴近生活，而且针对实际可使用在布料上进行了设计，使得本系列的颜色在布料上叠加的效果更好，更加生活化，也更加柔和温馨舒适。

VKS-K01 蜂蜜
黄与橙之间的一个过渡色，整体偏向黄色，如同晶莹的蜂蜜一样，明艳、温暖、柔和。

VKS-K02 脐橙
新鲜橙子皮的颜色，比起VKS-112本身的橙色偏黄了一点点，颜色真实感更加强烈。

VKS-K03 樱桃
成熟的红色樱桃泛光的表皮就是这样明艳清爽而且娇艳欲滴的红色，甜蜜而微酸。

VKS-K04 桃子
桃子相关产品的包装一定会用到这样的粉色，粉嫩又饱满，如同融入了桃子的香味。

VKS-K05 山葡萄
山葡萄皮内部就是这种很百搭的深红色，既不会偏紫也不会偏黄，像是藏在角落的幽暗小精灵。

VKS-K06 胭脂
为了适应棉布的本白色而稍作调整的发灰的粉色，配合绿色系颜料使用很容易看出害羞的感觉。

VKS-K07 红豆
虽然海绵表面颜色像是黑的，但是仔细想想红豆馅，当然就是这种昏暗的深红色。

VKS-K08 紫罗兰
与常规的紫罗兰色不同，这款感觉更像紫色的法兰绒布，灰色调下伴随着温暖的成分。

VKS-K09 薰衣草
依然不是印象中的薰衣草紫，更像是薰衣草干花研磨成粉末之后的颜色。

VKS-K10 牛仔布
深蓝色牛仔裤常用到的颜色，比较偏向黑色，却比黑色更贴近生活。

VKS-K11 美人鱼
这款更像是深海的颜色，但又仿佛透出妩媚的光芒一般，神秘而优雅。

VKS-K12 苏打水
一种蓝绿混合的水色，仿佛隐约带有一层薄雾，或许名字描述的是含汽的苏打水吧。

VKS-K13 乌云
如同暴雨前乌云密布的天空一样，灰得像黑的颜色。"天空像锅底一样"描述的就是这种情况。

VKS-K14 麝香葡萄
清新爽朗的葡萄绿，透亮的绿色加上偏黄的色调显得有那么一点点酸涩。

VKS-K15 泡菜
当然不像是辣白菜的颜色，而是腌黄瓜的黄瓜皮的颜色，非常接近深橄榄色。

纸末布用型 VersaCraft

VKS-K16 奶糖
比起奶糖，更像是太妃糖嘛！这就是个奶味十足的棕黄色，以明快的色调呈现出来。

VKS-K17 牛奶咖啡
比上一个奶糖色更加偏灰，饱和度更低，于是很容易想象成加了牛奶的咖啡。

VKS-K18 可可
我们提到月猫中的可可都是牛奶巧克力的颜色，比较接近我们认为的棕色。

VKS-K19 浓咖啡
咖啡棕，却又属于深浅咖啡色之间过渡的感觉。其实叫作咖啡豆更好。

VKS-K20 石头
类灰色的经典作品，这就是一款活在我们身边的灰色，不太起眼，却无处不在。

VKS-K21 饼干
最原始的饼干色就是这样，散发着小麦粉的气息，柔嫩、轻松，而且香气扑鼻。

VKS-K22 胡萝卜
经典的胡萝卜橙色，好像吸收了很多阳光，每一个细胞都充满了胡萝卜素。

VKS-K23 宝石
乍看有点容易让人认为是一种深红色，不过印出来的效果却带着红宝石般水嫩的感觉。

VKS-K24 珊瑚
又见珊瑚粉，非常多功能的粉色，任何你想到使用粉色的地方它都可以轻松胜任。

VKS-K25 水滴
淡淡的水蓝色，看起来有点像各种雾蓝色，而这种雾感形容为透亮则更加贴切。

VKS-K26 天蓝色
本系列唯一艳丽的颜色，在整个系列中非常抢眼，像是大雨过后湛蓝的天空。

VKS-K27 夜空
与夜空蓝和午夜黑不同，这里的"夜空"并没有刻意形容它到底是蓝色还是黑色，而这才是夜空。

VKS-K28 苔藓
有点接近青瓷色，也有点接近GD绿洲色，增加灰度的苔藓色的确不太让人容易辨认。

VKS-K29 三叶草
一种能够给你带来幸运的绿色，它的视觉效果非常柔和舒适，也非常动感有活力。

VKS-K30 亚麻布
相当写实的颜色，必要的时候可以用它给一整块布料染色，当然不要真的用在亚麻布上！

061

VersaCraft 津久井智子纸木布多用蚕豆指套印台（VKB）

编号	名称	颜色数	属性	补充液	大盒	清洗
VKB	指套/蚕豆	36	水性/颜料	无	无	水/清洗剂
细节	浮雕粉	速干	抗水	打印纸	卡片纸	硬纸板
良	可	否	否	良	良	良
铜版纸	相纸	木	布	陶瓷/玻璃	皮革/橡胶	塑料/亚克力
中	良	优	优	软陶适用	差	差

湿说： 在很长一段时间以来，很多人都没有认识到其实蚕豆也是VersaCraft家族的一员，也就是说它同样继承了印在木头和布料上的功能。虽然指套小得不起眼，但是耐用程度还是很优秀的。最重要的是它独特的指套形设计，可以直接拿在手里为印章上色，这样给某些细节部分单独上色就是很容易的事情了。VKB的配色是以日本传统色来设定的，所以有些名称看起来会很奇怪。

VKB-T13 柠檬
比较鲜嫩的柠檬皮便是这种发亮且感觉有点透明的黄色。对比荧光黄，它更加柔和粉嫩。

VKB-T14 黄水仙
黄水仙花语是傲慢，而这种看起来轻快而飘忽并且偏橙色的黄色，的确看起来既高傲又自信。

VKB-T15 金丝雀
看起来更加像是我们印象中的柠檬黄，因为食用色素柠檬黄就是这个颜色。

VKB-T16 象牙
这就是坊间流传的最适合套肤色的印台。不过这个颜色略微有点灰暗，直接用作肤色会乌突突的。

VKB-T17 郁金香
黄色郁金香花朵的颜色，比一般的黄色要略偏橙色，而且更加饱满浓郁，非常像金盏花黄色。

VKB-T18 芥子
颜色来自于黄芥子这种花，浓郁的土黄色，其饱满程度足以让它可以单独在纸上形成视觉效果了。

VKB-T21 朱色
在中国有种叫作朱砂的红色，不过比这个朱色要偏橙一点点。中国的朱砂色有着更强的古典色彩。

VKB-T23 橙
香扑扑的橙色，既能感觉到酸爽的味道，也能感受到橙子的芳香，看颜色就闻得到。

VKB-T24 曙
与"暮"相反，这个颜色兼有温暖与柔和，令人格外舒适与安心，它的颜色同样还代表着希望的开始。

VKB-T31 深绯
绯本身就是稍微深一点的红色，其实应该说厚重。而这个印台的深绯色，就是比绯还要浓一些的深红色。

VKB-T32 唐红
指唐朝红，其实说的就是中国红，唐朝特使穿的红色的外交官袍就是这种颜色。

VKB-T41 蔷薇色
蔷薇既指玫瑰也指月季，不过蔷薇科中总有一款红而偏粉的颜色，既高贵又不张扬。

VKB-T43 莲
荷花中最深的粉色便是这样的颜色，正是出淤泥而最不染的那一部分，而这款是可以在手中把玩的。

VKB-T44 梅紫
梅紫是一种惯用的颜色名，偏红的一种紫色，看起来有点低调又不失端庄。

VKB-T48 苏芳
苏芳本来是指一种红色染料，不过这里我们看它更像是紫红色，和石榴石、酒红色比较接近。

VKB-T54 菖蒲
菖蒲的原产地就包括中国和日本，不过菖蒲花的颜色可要比这个略显低沉的鲜亮得多。

VKB-T58 茄子绀
"绀"念第四声，指微带红的黑色。茄子本身是紫色的，偏黑，带上绀这个词，形容一种黑紫色。

VKB-T61 蓝色
代表性的蓝色并不一定是这样子，但是在著名的日本浮世绘当中，这个蓝色就一点也不陌生了。

VKB-T62 紫阳花
蓝紫色弱的同学会非常难以辨认这种颜色，但它确实是极度偏紫的粉嫩的蓝色。

VKB-T64 孔雀
在月猫众多孔雀色中，既会出现孔雀蓝也会出现孔雀绿，这里的孔雀色的确是蓝色。

VKB-T65 新桥
这名字是日本的传统称呼。这个明亮、清新有光泽的蓝色和MD-601比较接近。

VKB-T66 水缥
给它组词成"缥缈"你就认识了吧，缥缈的水色，就是指一种淡淡而带有些许灰的青色。

VKB-T68 瓶觑
"觑"念"四"，就是从小孔中看的意思。过去日本人把蓝色装在瓶子里，透过瓶底来判断蓝色的稀薄程度。

VKB-T72 翡翠
印台上的贴纸颜色很容易让你想到各种"青瓷色"，不过印出来效果可比青瓷色看起来透亮多了。

VKB-T73 鹡色
读作"弱"，日本传统色中将一种黄绿色命名为"鹡"，不过与开心果那种黄绿色还是有显著差别的。

VKB-T74 萌葱
连葱都可以萌萌的了，其实萌在这里的意思是新生，也就是刚刚冒出芽的葱绿色。

VKB-T76 里叶色
是里叶而不是裹叶，一种略显黄灰的绿色，某些叶子背面就是这样的颜色。可以配合绿色本体作为阴影色使用。

VKB-T77 莺
非常像橄榄绿色，同样是一种适合中年人的颜色，日本很多老板娘的和服上就是这样的颜色。

VKB-T78 千岁绿
千岁当然指的是松树。作为诸多松绿色中的一员，T78的绿色感更强，且又不失墨绿色的厚重感。

VKB-T79 松叶
和千岁绿不同，这里特别指松针，细看松针其实是偏黄色的，茂密的松针在背光的地方就是千岁绿了。

VKB-T81 黄土
它和AS的黄土几乎是一模一样的，黄土高原最标致的土色就是这种并不灰暗的黄色。

VKB-T82 黄枯茶
这也是日本对于茶色的传统称呼，就像是挂在杯壁上面风干掉的茶渍一样。

VKB-T84 柴色
木柴上覆盖一层灰尘后便是这样的颜色，其实更像是多加了牛奶的咖啡色，有一点香草的味道。

VKB-T88 煤竹
煤竹的解释是：烟熏成黑褐色的竹子。夏季的凉席制品中能找到这种黑褐色的身影。

VKB-T91 墨色
中国国画传统上有墨分五色之说，焦、浓、重、淡、清。这里便是指淡墨色，更像是深灰色。

VKB-T94 薄墨
这个灰色和AS中的三灰在一起可以完美过渡！作为淡色型的灰色，你可以把它用于柔光照射下的阴影色使用。

VersaCraft 纸木布多用渐变多色印台（VK-4/VK-6）

编号	名称	颜色数	属性	补充液	大盒	清洗
VK-4/VK-6	布用渐变	6/2	水性/颜料	有	有	水/清洗剂
细节	浮雕粉	速干	抗水	打印纸	卡片纸	硬纸板
良	可	否	否	良	良	良
铜版纸	相纸	木	布	陶瓷/玻璃	皮革/橡胶	塑料/亚克力
中	良	优	优	软陶适用	差	差

湿说： VersaCraft系列在功能上胜Artnic一筹，自然也不会缺少渐变色。而VK-4XX和VK-6XX分别是四色版与六色版。VK-4XX以同色系为均匀过渡，而VK-6XX选取光谱色排序。二者均使用VKS系列的印油，每个颜色也都可以从VKS当中找到。

纸木布用型/VersaCraft

VK-401 渐变黄

由黄到橙的渐变色，中间是两个柔和粉嫩的颜色，使得过渡均匀流畅，不会显得焦躁狂热，大有温暖慵懒的气息。

VK-402 渐变粉

VKS仅有的四个粉色被拼在一起，非常少女心。除了用来描绘缤纷的花海，还可以用来描绘美丽的梦境。

VK-403 渐变紫

最后一个色块选择了紫红色，令整体紫色过渡由蓝到红趋于完整，同样也像一块宝石一样附着在仙气十足的紫色上。

VK-404 渐变蓝

由深到浅的看，就像是黎明的天空一样，辽阔、清新、悠扬、剔透，既有一丝夜的美，也有几分昼的明。

VK-405 渐变绿

绿色总是给人带来自然的气息，而VK渐变绿虽然只有四色，却将绿色从稚嫩到老成完整地表现了出来，完整而舒适。

VK-406 渐变棕

如果单一棕色不足以满足你对复古效果的需求，那么清如砂浊如根的渐变棕色一定给你一个无法拒绝的理由。

VK-601 鲜亮色

选取了VKS当中所有光谱色排在了一起，就像透过棱镜看到的阳光，比NJ3的鲜艳色要更加犀利与尖锐。

VK-603 淡雅色

几乎是把VK-601当中的所有颜色添加白色颜料漂淡了一样，就像婴儿的房间一样，无处不体现着稚嫩与可爱。

Memento Luxe 纸木布多用印台（ML）

编号	名称	颜色数	属性	补充液	大盒	清洗
ML	ML	24	水性/颜料	有	有	水/清洗剂
细节	浮雕粉	速干	抗水	打印纸	卡片纸	硬纸板
良	可	否	否	良	良	良
铜版纸	相纸	木	布	陶瓷/玻璃	皮革/橡胶	塑料/亚克力
中	良	优	优	软陶适用	差	差

湿说： 虽然名字是Memento Luxe，却和Memento（MD）的颜料完全不同。只是继承了Memento系列的配色方案，而它的颜料特性是几乎和VersaCraft系列一样，差别非常微小，也是主打在木头和布料使用的印台。由于MD系列的颜料的配色方案大多以鲜亮明快为主，所以为了拓展使用，就出现了ML这样的印台。于是把它和VersaCraft系列放在同一个章节。

ML-100 Dandelion 蒲公英　　**ML-201 Morocco 摩洛哥**　　**ML-301 Rhubarb Stalk 大黄梗**

蒲公英花蕊的颜色，通常用来代表没有杂质的黄色，与柠檬黄、向日葵黄等黄色非常接近。　　摩洛哥的国旗就是这个颜色，是一种比较红的橙色，非常像又浓又甜的橘子汁饮料。　　千万别把名字念错了！虽然名字不文艺，但其实是非常中性的一款深红色，古典而内敛。

ML-302 Love Letter 情书　　**ML-400 Rose Bud 玫瑰花蕾**　　**ML-404 Angel Pink 天使粉**

非常浓重迷人而且性感的大红色，象征热恋的颜色，十分御姐相的红色。　　在MD系列中，玫瑰花蕾是非常受欢迎的粉色。ML版本依然继承了这种甜美笑容般的颜色。　　朦胧小精灵一般的粉色，说是让人又爱又恨真的不委屈。海绵上梦幻般少女的颜色印出来也是很清淡。

ML-501 Lilac Posies 紫丁香　　**ML-506 Sweet Plum 甜李子**　　**ML-507 Elderberry 接骨木果实**

紫丁香色有很多种，而ML版的紫丁香色比MD版本更加偏紫，看起来更加稳重和优雅。　　熟透了的李子皮就是这种紫色，象征着成熟与稳重，又带有几分沧桑和干练。　　神秘的名字吸引了一些拥趸者，像刺客服饰一样的黑紫色，就像从深渊出来的死亡使者一样鬼魅。

ML-600 Danube Blue 多瑙河蓝　　**ML-601 Bahama Blue 巴哈马蓝**　　**ML-602 Teal Zeal 水鸭蓝**

多瑙河已经是蓝色的一种代名词了，ML版的多瑙河蓝比MD要真实得多，纯正而经典的蓝色。　　巴哈马群岛海岸的独特蓝色，它是迄今为止世界上广告色中最受欢迎的蓝色，作为印台当然也没理由拒绝它。　　水鸭蓝始终是色弱测试色，如果你看它像绿色，那就要留意你的辨色能力了！

纸木布月型 / Memento Luxe

ML-607 Nautical Blue 水手蓝

水手蓝虽然和海军蓝一样都比较深邃，却比后者要偏绿一点。水手注定比海军多一分自由和率真。

ML-703 Pear Tart 梨子馅饼

一款会引发黄绿色盲人群恐慌的颜色。不过它确实是个绿色，欧洲甜食的香甜的梨子馅就是这种颜色。

ML-706 Pistachio 开心果

其实它有个很玄乎的名字叫"阿月浑子"，一般用来指淡黄绿色，同样可以用来考查色弱。

ML-708 Olive Grove 橄榄绿

与VKS-K15的泡菜色很像的橄榄绿色，一般橄榄的腌制品都是这样的深黄绿色，透着古典的气质。

ML-709 Northern Pine 北地松

北地松的绿色，比各种墨绿色看起来要冷调，充满了岁月侵蚀的沧桑与冷漠的历史感。

ML-800 Rich Cocoa 浓可可

热巧克力之类的饮料就是这样一种颜色，丝滑香醇是这种棕色的特点。

ML-802 Peanut Brittle 花生糖

人气不高但是看起来灭超好吃的花生糖，作为十分独特的棕黄色，无论是试印、染卡、配色，它都可以胜任。

ML-805 Toffee Crunch 太妃糖

作为高能试印色和黄色阴影套色的功能性颜色，与巧克力类似的颜色搭配在一起作为辅助色非常棒。

ML-808 Espresso Truffle 浓咖啡松露

一种意式咖啡的名字，听起来就有很浓厚的味道，颜色也是十分厚重的棕黑色。可以代替黑色来使用。

ML-900 Tuxedo Black 礼服黑

盒子上帅气的礼帽图案比起VK-182要体面得多。如果需要六盒的布里黑印台，ML-900就是首选了。

ML-902 Gray Flannel 法兰绒灰

大羊头竟然给这个印台增加了不少高贵感，浓重的阴影就可以用它来实现，同样也是高能的试印色。

ML-910 Wedding Dress 婚纱

MD中没有的颜色，由于颜料的属性使得这款颜色很高的白色成为本系列的主角。

069

第四节 水滴型 Part Four

Brilliance 珠光水滴形印台（BD）

编号	名称	颜色数	属性	补充液	大盒	清洗
BD/BR	珠光	34	水性/颜料	有	有	水/清洗剂
细节	浮雕粉	速干	抗水	打印纸	卡片纸	硬纸板
良	可	否	否	优	优	优
铜版纸	相纸	木	布	陶瓷/玻璃	皮革/橡胶	塑料/亚克力
良	优	优	差	差	良	中

湿说：

珠光印台顾名思义就是有珠光效果的颜料，不过实际上名称中不带有Pearlescent的颜色通常都几乎看不到珠光的效果。虽然官方表示Brilliance系列是水性颜料系印台，不过它的上色范畴可以说非常广，任何非光滑面都可以使用BD/BR印台来上色，虽然对于非吸收面需要一定的时间来让颜料干掉，但是这足以给BD印台增加好多可以拓展使用的空间了。

BD-11 Sunflower Yellow 向日葵黄

如同向日葵一样饱满而且色调纯正的黄色，就像我们最初所理解的阳光颜色，没有明显的珠光效果。

BD-18 Mediterranean Blue 地中海蓝

地中海的深色调并不是黑暗的蓝色，而是这种几乎如同光谱蓝色的纯正蓝色，可以拿来客串办公用的蓝印台。

BD-21 Gamma Green 伽马绿

显示器中所谓的伽马值里RGB的G就是这个Green，饱满无杂质的绿色，由等量的黄色和蓝色组合而成。

BD-23 Rocket Red 火箭红

非常符合我们中国人心中的大红色，在故宫中也不乏这种浓郁而庄重的红色，同样也没有明显的珠光效果。

BD-34 Pearlescent Orchid 珍珠兰花

带有霜白色质感的珠光粉色，不仅十分娇艳欲滴，还很柔和却又不失饱满的味道，有让人拥上去的冲动。

BD-36 Pearlescent Purple 珍珠紫

在珠光效果的折光影响下，它会呈现出部分黯淡的视觉效果，就像自然泛紫的珍珠一样珍贵。

BD-37 Pearlescent Lavender 珍珠薰衣草

经常使用的薰衣草色，柔嫩清爽，充满梦幻气息，在珠光色调影响下，它顺利成为了月猫当中人气很高的紫色。

BD-38 Pearlescent Sky Blue 珍珠天蓝

喜欢蓝色的同学一定不能错过的一款，继承天蓝色清爽的气质，并且饱和度也很高，适用范围很广。

BD-42 Pearlescent Lime 珍珠青柠

仍然是饱和度很好的青柠绿色，完全不用担心印在纸上看不出来，相反还非常清新夺目，青柠的酸爽感一触即发。

BD-53 Pearlescent Olive 珍珠橄榄

惯用的橄榄深黄绿色加上珠光效果，呈现出一种暗金色的特效，十分低调而又奢华的颜色。

BD-54 Coffee Bean 咖啡豆

咖啡豆的颜色通常都是指一种略微偏向红色的棕色，这款咖啡豆颜色并不带珠光，但棕色品相是非常饱满的。

BD-55 Pearlescent Beige 珍珠米黄

十分小众的颜色，但是喜欢它的人总是对它爱不释手。因为它就像是月光下的沙滩一样，宁静而唯美。

BD-61 Pearlescent Rust 珍珠锈

非常热情的颜色，如同铁锈般的橙色加上珠光的效果，做旧感十足，非常像火箭金红的橙色版。

BD-62 Pearlescent Crimson 珍珠深红

最冷门的颜色！我们可以把它归类为紫红色，富有黑暗气息的颜色，充满鬼魅的格调。

BD-63 Pearlescent Poppy 珍珠罂粟

和其他的罂粟红不同，这款是一个暗沉的深红色，珠光的效果让它更加醒目，有做旧和褪色的特殊感觉。

BD-64 Pearlescent Ivy 珍珠常春藤

非常难得有一款墨绿色拥有珠光的效果，像是沉睡的森林被月光覆盖一样，宁静祥和的绿色。

水滴型 / Brilliance

BD-75 Pearlescent Thyme 珍珠百里香

偏黄色相的绿色，非常像是新鲜草坪的颜色，在珠光的作用下，色泽更加鲜明，犹如带着清晨的露水一般。

BD-76 Pearlescent Chocolate 珍珠巧克力

我们平时讲的巧克力色，肯定不是这样，而只有黑巧克力才是这种色调，另外田园风格的深棕色木制品常会用到这个颜色。

BD-80 Moonlight White 月光白

单纯就印油而言，这款的珠光感非常稀薄，我们可以经常从车漆中找到它的感觉，只不过这款覆盖性一般，影响了效果。

BD-82 Graphite Black 石墨黑

完全没有珠光色的黑色，特点就是一个字"黑"。如果你需要一款又黑又浓的印台，完全可以考虑它。

BD-90 Starlite Black 星光黑

这才是真正的珠光黑，看起来有点像黝亮的黑铁散发出光泽，与银灰色搭配可以做出金属色阴影效果。

BD-91 Galaxy Gold 星际金

天文图谱中的星云常常可以见到这种辉煌璀璨的金色，它是最受欢迎的金色不过在黑纸上还是用AS-91更好。

BD-92 Platinum Planet 白金星球

月猫中的铂金色，这里更像是雪亮的银白色，同样璀璨而浮华，充满了贵族的奢华气质。

BD-93 Starlite Silver 星光银

难得的银灰色，印油容易沉积，使用硬物刮海绵表面可以解决这个问题。这款印台在白纸上效果十分出众。

BD-94 Cosmic Copper 宇宙铜

名字虽然很奇幻，但是色调仍然是地球上的铜色，比较偏向红铜色，不太好调教，但是色泽十分美丽。

BD-95 Lightning Black 闪电黑

最神奇的颜色，珠光效果是金色而不是银色，于是和偏绿的黑色底色在一起会呈现多种视觉效果。

BD-96 Rocket Red Gold 火箭金红

与BD-23关系不大。亮红色与金色搭配出非常符合国人审美的金红色，使它成为了入门必买的印台之一。

BD-97 Crimson Copper 深红铜

纯度极高的紫铜的颜色，十分适合复古色的背景，比如我们常用的草席色和软木色，而且这款金属光泽十足。

073

BR-17 Victorian Violet 维多利亚紫

这款已停产，是大盒的独有色，月猫中最优雅、最端庄、最高贵、最纯正的紫色，是维多利亚时代英国王室的象征。

BR-30 Pearlescent Yellow 珍珠黄

这款已停产，与BD-11不同，这算是真正珠光版本的黄色，清爽明亮，在珠光效果下更显得好像是颜色自身散发出光芒一样。

BR-31 Pearlescent Orange 珍珠橙

已停产。甜美的橙色，像是熟透的澳橘皮的颜色，散发着甜味的橙香。泛白的珠光效果，像是夏日冰橘甜饮的味道。

BR-32 Pearlescent Coral 珍珠珊瑚

已停产。又见珊瑚粉，还是珠光版，更加的细腻，唯美。你可以尝试用它当指甲油，虽然干得慢，但是很好看！

BR-41 Pearlescent Jade 珍珠翡翠

已停产。色调上很像是GD-15的珠光版本，作为非常受欢迎的绿色之一，常用来当作初音色。

BR-74 Pearlescent Ice Blue 珍珠冰蓝

已停产。神奇的灰蓝色，在珠光泛白的视觉效果下，如同北冰洋中的浮冰一样，透露着神秘的寒气。

BR-301 Mineral 矿物色

由白金星球、星际金和宇宙铜组成的三色印台，与其说是矿物的颜色，可是比CP-302更像财宝的颜色！

BR-302 Aurora 极光色

极光色由三个BR特有色组成，如同暖色的极光在寒冷的天空中爆发那样灿烂和美妙。

BR-303 Twilight 暮光色

由粉到紫的梦幻过渡，正如奇妙的暮光从天空中落下，令人感觉到浪漫、温馨，引起无限思绪。

BR-304 Peacock 孔雀色

这款由蓝绿色组合过渡而成的三色印台，是BR三色中最受欢迎的一款，以其清爽明快的气质俘获了很多少女的心。

BR-305 Tiramisu 提拉米苏

难得的包含黑色的多色印台。黑、棕以及米黄色形成完美衔接，古典又不失时尚。

BR-306 Banner 旗帜色

没错，这三个颜色在一起正是传说中的RGB。经典的光谱色组合在一起相互补充，相互映衬，毫无违和感。

VersaMagic 粉彩水滴形印台（GD）

编号	名称	颜色数	属性	补充液	大盒	清洗
GD/VG	GD	41	水性/颜料	有	有	水/清洗剂
细节	浮雕粉	速干	抗水	打印纸	卡片纸	硬纸板
良	可	否	否	优	优	优
铜版纸	相纸	木	布	陶瓷/玻璃	皮革/橡胶	塑料/亚克力
优	优	良	差	中	良	中

湿说： 说起粉彩，大多数人会想到化妆品。其实在美术颜料当中，"水粉"便是这类成为粉彩的颜料，"水粉"颜料比"水彩"颜料的覆盖性要好，而且颜料的质地也更加浓稠。不过由于在印章上使用，我们需要通过按压的方式将颜料留在纸上，所以几乎无法一次性实现VersaMagic的优良覆盖性。不过由于GD系列的印台在配色上多采用鲜艳与柔嫩的颜色，因此成为月猫印台中非常受欢迎的类型。

GD-11 Mango Madness 疯狂芒果
纯正而新鲜的芒果色，饱和度相当好，不像橙色那么红亮，也不像杏色那样粉嫩。

GD-12 Red Magic 红色魔法
大多数时候也被叫作"魔术红"，十分鲜艳明亮，比起各种光谱红色更加有活力和朝气。

GD-15 Turquoise Gem 绿松石
这是全系列中最受欢迎的绿色，也是初音绿的一种，偏蓝的属性几乎可以俘获很多蓝绿控的心。

GD-31 Thatched Straw 稻草黄
就像沐浴着清晨阳光的新鲜稻草一样，不仅充满丰收的气息，还有朝露般的清爽与润泽。

GD-33 Persimmon 柿子
如果不把它和疯狂芒果放在一起，可能您分辨不出它们的不同，然而柿子要粉嫩一些。

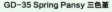

GD-34 Pixie Dust 精灵粉
魔幻电影和游戏中经常被提到的精灵粉尘，小清新过头了的粉色。它可以用来调和肤色。

GD-35 Spring Pansy 三色堇
GD系列招牌柔嫩色，偏粉色方的紫色，年轻、和谐、轻盈、柔和。

GD-36 Pretty Petunia 牵牛花紫
名字的本意是"漂亮的牵牛花"，冷调的紫色，相比GD-35要显得更加安静和成熟。

GD-37 Sea Breeze 海风蓝
月猫中最清新的蓝色，没有之一。GD中的后起之秀，色泽比较饱满，在白卡上表现力也很好。

GD-38 Aquatic Splash 水溅青绿
和GD-37一样属于软萌色中的绿色，GD显然也会眷顾绿色控，这几乎成了GD系列的代表色之一。

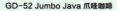

GD-39 Key Lime 墨西哥青柠
比起BD-42珍珠青柠来说，它更加偏向黄色，其清淡的色泽与GD-34有得一拼，但并不太适合作为主色使用。

GD-52 Jumbo Java 爪哇咖啡
非常万用的棕色，并不是说颜色本身的百搭，而是它无论是客串巧克力还是咖啡都没有违和感。

GD-53 Red Brick 砖红色
颜色如其名，非常标准的砖红色，在世界各地都见得到。喜欢古典内敛的红色的人一定不要错过它。

GD-54 Perfect Plumeria 缅栀子
看名字虽然难以辨认，但它确实是一款紫色，偏向红棕色，也属于比较古典与内敛的颜色。

GD-55 Purple Hydrangea 八仙花紫
这款不像女王紫那样华贵，也不像帝王紫那样霸道，而像刚刚迎接成人礼的小公主一样透露着皇家气质。

GD-56 Night Sky 夜空蓝
如夏日晴朗的夜空一样无限空旷且沉稳悠长的深蓝色。给天空或服饰配色，它都可以轻松胜任。

GD-57 Ocean Depth 深海蓝
比夜空蓝多一些绿色的成分，与夜空蓝一起装饰海洋的颜色会有意想不到的自然效果。

GD-58 Hint of Pesto 香蒜酱
它与GD-59比起来略偏黄，是比较冷门的颜色，在复古或者做旧的场景中非常适合它们的发挥。

GD-59 Spanish Olive 西班牙橄榄
它与GD-58比起来略偏绿，同样也很冷门，适用的范围也差不多。中国画中的竹子也会用到这种颜色。

GD-60 Tea Leaves 茶叶绿
比较小众的绿色，其泛黄却发亮的效果非常适合点缀一些需要夕阳效果的图案或者背景。

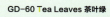

水滴型/VersaMagic

GD-61 Pumpkin Spice 南瓜香
新鲜的南瓜！如果你还ális用其他颜色装饰万圣节南瓜就太弱了。这货就是标准的南瓜色。

GD-62 Gingerbread 姜饼
算是一种浅棕色，皮革中经常可以看到这个颜色，说是黄泥巴的颜色倒也还可以。

GD-63 Eggplant 茄紫
茄子皮的黑紫色，在月猫中并不少见，暗沉而深厚的紫色多用于成熟女性或者刺客的着装上。

GD-72 Sahara Sand 撒哈拉砂
并不像其他砂黄色那样充满尘埃的气息，而是一种略显柔和的棕黄色，像是大漠中最宁静的那一刻。

GD-74 Pink Grapefruit 西柚粉
粉嫩的代名词就是它了！月猫全系列中人气排行第三的家伙，饱满、诱人，萌到极致的粉色。

GD-75 Pink Petunia 牵牛花粉
难能可贵上清雅而成熟的粉色，就像邻家大姐姐的笑容一样让人记忆深刻，常用来印玫瑰花图案。

GD-76 Malted Mauve 麦芽淡紫
虽然名字诡异，但它和诸多玫瑰尘是同一类灰粉色，褪色感强烈，哪怕陈旧也压抑不住曾经的辉煌。

GD-77 Aspen Mist 白杨雾
被广泛用作灰色的神秘蓝灰色，它就像清晨白杨树林中萦绕的迷雾一般，拥有朦胧和魔幻的气氛。

GD-78 Aegean Blue 爱琴海蓝
偏灰的深蓝色，不仅限于用在海洋。如果拿来印图腾类的图案，会高冷到不像话！

GD-79 Oasis Green 绿洲
中国画中的石青色非常像这个颜色，自然柔和又内敛，富有生命气息并且很水润。

GD-80 Aloe Vera 芦荟
切开新鲜的芦荟就可以看到这种淡雅水嫩的颜色，成为了GD清爽系列的代表颜色。

GD-81 Niagara Mist 尼亚加拉迷雾
GD系列中唯一可称为灰色的印台，色调上更加偏黄绿，作为阴影可以彰显颓废的气质。

GD-82 Wheat 麦黄
去看看燕麦片，就知道这种颜色了！虽然看起来比较乡村，但是它也很适合奶茶色的！

GD-83 Sage 鼠尾草
新鲜的鼠尾草被割下后晾干水分便是这种颜色，与GD-82一起渲染草堆非常合适。

GD-91 Midnight Black 午夜黑
由于这个黑色的颜料非常浓稠，所以会被误认为质地比较干，配上补充液一起使用更好。

GD-92 Cloud White 云白
并不算很出彩的白色，表现力平平，除非你有能力印制多次，不然覆盖力仍然是有限的。

VG-17 Concord Grape 康考特葡萄
已停产。Concord一度是葡萄的代名词，而这种"柔和"的深紫色常见于各种海报当中，不抢眼但很鲜明。

VG-32 Magnolia Bud 木兰花蕾
已停产。最适合也是最自然的肤色印台，中性色泽，可以加入粉色或者橙色来进行微调整。

VG-51 Cornucopia 丰收黄
已停产。西方人在丰收的节日会把蔬菜水果麦穗等放在一个羊角形容器内，羊角的颜色便是这种象征秋日丰收的颜色。

VG-71 Sugarcane 甘蔗
已停产。爽嫩而清甜的甘蔗肉颜色，仿佛咬一口满是甜蜜的感觉。轻柔而舒适的暖黄色，常用于沙发的颜色。

VG-73 Sierra Vista 谢拉维斯塔
已停产。美国亚利桑那州的一个小镇的名字，像粉又像棕的神秘颜色，很适合作为建筑外墙的颜色。

Memento 水性水滴形印台（MD）

编号	名称	颜色数	属性	补充液	大盒	清洗
MD/ME	MD	36	水性/颜料	有	有	水/清洗剂
细节	浮雕粉	速干	抗水	打印纸	卡片纸	硬纸板
良	不可	是	否	优	优	优
铜版纸	相纸	木	布	陶瓷/玻璃	皮革/橡胶	塑料/亚克力
优	极佳	差	差	差	差	差

湿说： MD是一款非常简单的水彩颜料，颜料性状就是像水一样的液体，继承了水的特性，因此除了单纯作为印章使用的印台以外，还经常被用来涂抹或者是做渲染以及混色处理，可塑性很高，而且大多数情况下颜色还比较好洗。MD的招牌技能是用于铜版纸和相片纸这种光滑又有些许吸收性的纸品，色泽会更加明艳。但是对于印章表面的要求比较高，如果印章本体是比较光滑的，MD是不太容易展示出比较好的效果的。配色方面，往艳丽或者素淡两个极端发展，与GD系列形成明显的反差。

水滴型／Memento

MD-100 Dandelion 蒲公英
蒲公英的花蕊便是这种黄色，与各种向日葵相似，由于颜料性状的特点，使得它更加明快与亮泽。

MD-103 Cantaloupe 哈密瓜
比起MD-100要微微偏红一些，与哈密瓜肉的颜色及其相似，仿佛带有香甜的味道，也可以用来描绘暮色。

MD-200 Tangelo 橘柚
水滴形态的印台不太容易找到很纯正的橙色，这款橙味十足，也是那种从视觉上就可以让你能闻到的颜色。

MD-201 Morocco 摩洛哥
摩洛哥的国旗颜色。虽然橙色本来是一种比较放松和慵懒的颜色，而在这里却有一分尊贵和肃穆。

MD-300 Lady Bug 瓢虫
纯度很高的红色，不过由于它能够透出背景色，所以不同的纸张会十分影响它的表现力。

MD-301 Rhubarb Stalk 大黄梗
应该念作"大黄·梗"，这是一种神秘的深红色，暗沉、忧郁，并且带有一些荒凉与幽寂的气质。

MD-302 Love Letter 情书
象征爱情的红色总是狂热，妩媚和妖娆的。此刻的浓艳红色只要用一个"美"字，就足以说明一切了。

MD-400 Rose Bud 玫瑰花蕾
在月猫系列中最受欢迎的粉色之一（另一个是GD-74），像幼小玲珑的玫瑰花蕾一样俏皮的颜色。

MD-404 Angel Pink 天使粉
由于颜料是透明的，所以它几乎是最浅的粉色，比起直接使用，作为背景色或者搭配其他深色效果会更好。

MD-500 Grape Jelly 葡萄果冻
代表居家型姐姐的紫色，不像那些权贵紫色那样刻板与严肃，相反带着几分轻松与温馨的成熟色彩。

MD-501 Lilac Posies 紫丁香
非常适合春季的颜色，很多时尚品牌也都将这样的紫色选作主打色，与深色或暗色配合会显得十分抢眼。

MD-504 Lulu Lavender 薰衣草
这是月猫中最能体现薰衣草中"淡雅"这个特征的紫色，不温不寒，香远益清的小清新颜色。

MD-506 Sweet Plum 甜李子
看起来有些灰暗的深紫色，非常适合阴沉、颓废却又狂热邪恶的场合，同样也十分适合哥特风的色调。

MD-507 Elderberry 接骨木果实
像各种茄紫色的黑紫色，鬼魅气质是它们的招牌，常常被用于描绘地狱深处的恶魔，尤其是女魔头。

MD-600 Danube Blue 多瑙河蓝
纯度很高而且略显清凉与透彻的蓝色，如果用在相片纸上就会呈现和包装贴纸上一样的纯正蓝色。

MD-601 Bahama Blue 巴哈马蓝
源自巴哈马群岛海岸的独特蓝色，就像是海与天的结合体，是月猫系列中最受欢迎的蓝色。

MD-602 Teal Zeal 热情的蓝绿色
会造成蓝绿色盲的邪恶颜色，与MD-301、506、901一起使用，可以轻松营造黑暗气息。

MD-604 Summer Sky 夏日天空
MD系列淡雅色的代表之一，直接涂在纸上就已经可以营造出炎炎夏日的淡天蓝色，不太适合直接使用。

MD-607 Nautical Blue 水手蓝
水手们穿的横条上衣的蓝色就是这种象征深邃海底一样的深蓝色，非常有纪律性的一款蓝色。

MD-608 Paris Dusk 巴黎的黄昏
实际颜色并没有像包装上那么暗沉，很像巴黎夜色刚刚开始时的天空，比较像是群青色，是庄重而灿烂的深蓝色。

MD-701 Cottage Ivy 田园常春藤
比起光谱绿色要清爽自然很多，更加像是来自大自然的绿色，成熟稳重，值得依赖。

MD-703 Pear Tart 梨子馅饼
难以辨认的黄绿色，实际被定义为绿色而不是黄色。在水果派中可以经常见到的香甜绿色。

MD-704 New Sprout 萌芽
春季的代表色，每年春雨过后，无论是草地上还是树枝上，都不会缺少这种新生萌芽绿的颜色。

MD-706 Pistachio 开心果
这是一款拥有"阿月浑子"名称的神奇的淡黄绿色，像是植物由盛而衰的感觉，充满秋天气息的颜色。

MD-707 Bamboo Leaves 竹叶
又是一款生命绿色，集淡雅清新柔和唯美于一身，像是大自然的微笑，可以从视觉上安抚灵魂的奇妙绿色。

MD-708 Olive Grove 橄榄绿
常规的橄榄绿色，似黄而绿，色泽暗沉，就像长者一般稳重、成熟、深沉。一款有底蕴的颜色。

MD-709 Northern Pine 北地松
这颜色与名字很搭调，松树高高的矗立在杳无人烟的寒冷山林中，对抗着凛冽的寒风，大自然造就了它浑厚浓郁的深绿色。

MD-800 Rich Cocoa 浓可可
它像一杯香醇的巧克力奶一样，温暖柔和，令人很想把它捧在手里慵懒地窝在沙发里。

MD-801 Potter's Clay 陶土色
我们的中式茶壶可以经常看到这种红棕色，也是古代壁画中最先使用到的颜色，非常能够代表手工艺的一款颜色。

MD-802 Peanut Brittle 花生糖
就像浓浓的花生酱一样的颜色，用它来印制各种食品，尤其是谷物制品，会有加特效一样的效果。

MD-804 Desert Sand 大漠黄沙
这种颜色，带有一种尘土感，所以最适合用来装点背景色，而不是直接用来印一些俏皮的图案。

MD-805 Toffee Crunch 太妃糖
与其说是像太妃糖的颜色，倒更像是卡布奇诺的颜色，适合用在那种满是木头颜色的场景中，点缀出一缕清香。

MD-808 Espresso Truffle 浓咖啡松露
仍然是一款咖啡饮料的颜色，只不过这款非常接近于黑色。如果你厌恶了黑色的试印，试试这个吧。

MD-900 Tuxedo Black 礼服黑
由于其相对好洗的属性而十分受欢迎的一款黑色，水性的颜料在吸收性的纸上保持细节的效果也不错。

MD-901 London Fog 伦敦的雾
尽管名称很玄妙，但它是雾霾的颜色，灰中带铃，经常会遭到大家的吐槽，同时又有自己独特的格调。

MD-902 Gray Flannel 法兰绒灰
法兰绒这种面料的代表色便是灰，这种看似没有杂色却又让人感到莫名温暖的灰色正是它的魅力所在。

StazOn 速干型万能印台（SZ）

编号	名称	颜色数	属性	补充液	大盒	清洗
SZ	SZ	25	溶剂/染料	有	有	清洗剂
细节	浮雕粉	速干	抗水	打印纸	卡片纸	硬纸板
良	可	是	是	优	优	优
铜版纸	相纸	木	布	陶瓷/玻璃	皮革/橡胶	塑料/亚克力
优	优	优	优	优	优	优

湿说：

StazOn家族的标准款印台，其主要特性就是"啥都能印"。只要你想得到，就没有它印不上的地方。它的颜料被描述为溶剂型的染料印台，根据它的属性简单来理解的话，其实就算是一种速干油漆。同样可以印布料，StazOn并不会像VersaCraft那样拥有热定色效果，而只是单纯的能够印上。颜料质地方面是透明的，也就是印在透明的表面上（如玻璃、亚克力），光线可以从颜料中透过来。而在StazOn Opaque系列中，颜料就是不透明的了。StazOn系列印台没有直接的缺点，只是它的清洗需要专用的清洗剂，一般的水洗是无效的。

SZ-11 Iris 鸢尾花紫

优雅而有朝气的紫色，精致而高贵，使人满意，却又让人很难轻易用简单的语言来形容它的舒适性。

SZ-12 Vibrant Violet 紫罗兰

名字本意是充满活力的紫罗兰，这是一种轻快、明亮、俏皮而又围绕着神秘气氛的紫色。

SZ-21 Blazing Red 烈焰红

有一种说法叫作热情如火，火红色通常是一种过于浓艳的红色，预示着热情，并且摆脱了它危险的象征意义。

SZ-22 Black Cherry 黑樱桃

不是黑莓哟。黑色的樱桃想要表达一种红色过于饱满而几乎呈现黑色的浓郁效果，纯度和饱和度都非常高。

SZ-31 Jet Black 乌黑色

名字一度被译为喷射黑。作为飞行器上常用的浓郁黑色涂装而得名，没有别的优点，就突出一个"黑"属性。

万能型 StazOn

SZ-32 Stone Gray 石头灰
在铺柏油路时用到的石子上就可以轻易发现这种不冷不热的浓重灰色，明度较低，而且没有杂色混入。

SZ-33 Dove Gray 鸽子灰
这颜色一下子就可以让人联想到鸽子身上的羽毛。作为灰色，却可以体现轻盈的效果，也可以发挥内敛的气质。

SZ-41 Timber Brown 木棕色
被问到木头是什么颜色，一定会有棕色的答案。孩提时代的儿童画，画树干一定会用一种棕色，那就是木棕色。

SZ-42 Rusty Brown 锈棕色
提到锈的颜色，一定最先想到铁锈。三氧化二铁通常被描述为红色或橙色，而其实定义它为棕色更加合适。

SZ-43 Saddle Brown 马鞍棕
过去没有皮革染色工艺，传统马鞍中外面的皮革由于长期摩擦褪色呈现出的棕黄色，便是这种色泽。

SZ-51 Olive Green 橄榄绿
Stazon的橄榄绿与其他系列不同，以墨绿色为基础，却增加了明度，又稍微偏向黄色，体现出古典的味道。

SZ-52 Cactus Green 仙人掌绿
这种青翠的嫩绿色似乎不太让人联想到仙人掌，但是在沙漠中如果遇到如此鲜嫩的仙人掌，那就有救啦！

SZ-53 Eden Green 伊甸绿
Eden就是传说中的伊甸园，只有清透、明快，令人敞开心扉的绿色，才能符合那片极乐净土的氛围。

SZ-61 Ultramarine 群青色
我们通常会用深蓝色来表达群青色。作为颜料界最常用而且最珍贵的蓝色，群青色是印台里面的必选色！

SZ-62 Midnight Blue 午夜蓝
夜空的蓝，就像浩瀚无垠的宇宙，星月只是这块帷幕下的点缀，夜空的美，只有心胸辽阔的人才体会得到。

 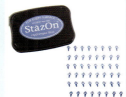   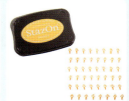

SZ-63 Teal Blue 水鸭蓝
这里终于用blue来强调水鸭色是蓝色了，虽然它仍然能够引起色弱同学的不快，但好歹你知道它是蓝色了嘛。

SZ-64 Hydrangea Blue 八仙花蓝
在GD中我们遇到过八仙花紫，这种花朵也有蓝色的，在日本被称作紫阳花。于是这款又是那种难以辨认的蓝紫色。

SZ-81 Cherry Pink 樱桃粉
我们对樱桃红的认识往往比樱桃粉更加深刻，这里的樱桃粉更加像是初春桃花那种艳丽的粉色。

SZ-82 Fuchsia Pink 樱粉色
单纯作为颜色来讲，fuchsia可以称为洋红色或者樱红色，把这样的颜色融入粉色，就是这种明快唯美的颜色了。

SZ-91 Mustard 芥末黄
如果你对汉堡比萨三明治等西式快餐感兴趣，那么你一定会记得黄芥末酱的颜色，那是种气味微呛而清香的黄色。

SZ-92 Pumpkin 南瓜
南瓜色以多种形态呈现在月猫印台当中，而这里的南瓜色是成熟的南瓜皮那种红橙色，浓艳而热情的橙色。

SZ-93 Sunflower Yellow 向日葵黄
向日葵作为太阳的使者，已经成为色谱中明度最高的颜色——黄色的代表了。它就像阳光一样，永远吸引我们的目光。

SZ-95 Azure 蔚蓝色
无论是蔚蓝的天空，还是蔚蓝的大海，你一定能够联想到一种让人敞胸怀宽广，值得依靠的明亮蓝色。

SZ-99 Forest Green 森林绿
森林的绿色，往往要比一棵树的绿色要稳重、庄严，它仿佛是群山的外衣一样，承载了几十个世纪的风尘。

SZ-101 Royal Purple 皇家紫
紫色总是与权贵有着紧密的联系，它始终是身份与地位的象征。浮夸的紫色修饰，往往让人觉得是在装模作样。

StazOn Midi 速干型万能印台（SZM）

编号	名称	颜色数	属性	补充液	大盒	清洗
SZM	SZM	17	溶剂/染料	部分	有	清洗剂
细节	浮雕粉	速干	抗水	打印纸	卡片纸	硬纸板
良	可	是	是	优	优	优
铜版纸	相纸	木	布	陶瓷/玻璃	皮革/橡胶	塑料/亚克力
优	优	优	优	优	优	优

湿说：

StazOn的中型版本，比起标准款的SZ印台要小一号，由于SZM的外包装都有独特而华丽的视觉插图，高颜值受到了很多玩家的欢迎，同样具有StazOn家族可以用在任意表面的特性，SZM所以应用范围很广。SZM同样需要StazOn专用清洗剂来清洗，水洗无效。

万能型 / StazOn Midi

SZM-12 Vibrant Violet 紫罗兰

全名是"充满活力的紫罗兰"，其实活力的特色倒不算是非常明显，不过虽然是淡紫色，却有着比较不错的饱和度。

SZM-13 Gothic Purple 哥特紫

哥特式风格以黑暗，恐惧，绝望，孤独为主题，这样背景下的紫色自然也时刻透露着昏暗的气息。

SZM-23 Claret 酒红

和前面的哥特紫算是一个呼应，印在白卡上面仿佛是干涸的血液一般。在透明介质上，多了几分带有古典气息的活力。

SZM-24 St. Valentine 情人节

情人节的红色一定是火热的，明快的、艳丽的。于是它在白卡上的表现力比较出众，比大红色更加饱满和浓郁。

SZM-31 Jet Black 乌黑色

Jet Black 是个固定搭配，指的是黑又亮的颜色。这个黑色没有太多的杂念，就是一股脑的黑。

SZM-34 Cloudy Sky 云灰色

本意是乌云密布的天空，这是一款中规中矩的灰色，颜色和MD-902灰色法兰绒很像，本身比较浓厚。

SZM-44 Ganache 巧克力

Ganache 似乎不是英文，它来自一种叫作甘纳许的巧克力，属于棕黑色，非常像东北肥沃的黑土地。

SZM-45 Spiced chai 五香茶

Spiced就是"五香的，调味过的"。Chai是广东话发音的"茶"，虽然名字很诡异，但是这家伙才是正宗的棕色。

SZM-51 Olive Green 橄榄绿

如果你觉得奥绿太深，那么这家伙就是你最好的墨绿朋友了！月在透明面上就显得更加有生机，更加青翠了。

SZM-52 Cactus Green 仙人掌绿

这款颜色印在白卡上是一种非常浓郁，饱满，新鲜多汁的效果，而在透明面上有几分淡雅和古典的味道。

SZM-54 Emerald city 绿宝石

色调很特殊，乍看非常像绿松石，然而又有点像薄荷绿。这是一款非常具有奇幻风格的绿色。

SZM-62 Midnight Blue 午夜蓝

如同托着星月的夜空一般，辽阔、深邃、神秘。你完全可以不考虑它的寺性来入一发，只为了你爱着的深蓝色。

SZM-63 Teal Blue 水鸭蓝

名字仍然强调了属于蓝色，于是不必担心难以分辨出水鸭蓝的奇妙颜色了，这款很像迷人的湖水色。

SZM-65 Blue Hawaii 夏威夷蓝

它的贴图实在是太迷人了，如此妖娆的蓝色，还有美人鱼。浪漫的名字，无法让它不成为主角！

SZM-71 Orange Zest 热情的橙子

其实应该是橙色的热情。想一个满脸笑容，热情如火的橙子在跟你说话，难道不是很带感嘛。

SZM-81 Cherry Pink 樱桃粉

你一定觉得这个粉色似曾相识。没错，它成功抱住了MD-400玫瑰花蕾的大腿，属于玫瑰粉色的一种。

SZM-92 Pumpkin 南瓜

把南瓜和橙子放在一起，南瓜总是显得更加深沉和盛大。它的气氛代入感十足，可以是古典，也可以是热情。

085

StazOn Opaque 不透明速干型万能印台（SZ）

编号	名称	颜色数	属性	补充液	大盒	清洗
SZ	SZ白盒	12	溶剂/颜料	有	有	清洗剂
细节	浮雕粉	速干	抗水	打印纸	卡片纸	硬纸板
良	可	是	是	优	优	优
铜版纸	相纸	木	布	陶瓷/玻璃	皮革/橡胶	塑料/亚克力
优	优	优	优	优	优	优

湿说：

SZ白盒同属于StazOn系列的产品，不过它的印油强调了不透明的效果。这样一来，本系列印台覆盖力出众，无论深浅颜色，几乎都能在暗色的表面呈现颜色。不过这个系列的印台都是空白印台与印油的组合套装，需要自己添加印油。如果不是经常用，建议随时用随时加。如果一定想加满的话，那就把印油用足，并且静止一段时间之后再使用。SZ仍然是在任何表面都能印，也需要StazOn专用清洗剂来清洗。

万能型/StazOn Opaque

SZ-106 Blush Pink 羞羞粉

挺像彩色漫画中用来画脸的那种粉色，就像女孩子害羞时脸上泛起的红晕一样。

SZ-107 Soft Lilac 紫丁香

柔和的紫色，紫色控就别错过了，用在白色皮革上效果会非常美好。

SZ-108 Baby Blue 淡蓝色

比起常见的VKS-142的Baby Blue，这款更加像是天蓝色，令人感到舒适。

SZ-110 Cotton White 棉花白

最好用的白色之一。在任何表面的覆盖性以及适用范围都是一流的。

SZ-111 Napoli Yellow 那不勒斯黄

非常明亮的淡黄色，让人想到了地中海的天空。总是令画面明亮，产生积极的效果。

SZ-140 Fava Green 蚕豆绿

像是新鲜蚕豆黄配绿，如胶似漆的感觉，十分清新而且贴近自然的嫩绿色。

SZ-154 Roasted Coffee 烘焙咖啡

非常适合印在陶瓷表面的一种颜色，如果在泛光或者透明面上使用，咖啡色就很明显了。

SZ-156 Bordeaux 波尔多红

深邃而柔和，庄重而低调。如果将它用在透明的介质上，就真的如同透光下看一杯特酿的红酒一般。

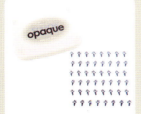

SZ-158 Abyssal Blue 深海蓝

其实叫深渊蓝更加带感，如同无底海渊一般不可捉摸的蓝色，神秘而奇幻。

SZ-161 Cypress Green 柏树绿

与前面的波尔多红和深海蓝一起可以称作古典三原色，是一款像伟岸的柏树一样值得依靠的墨绿色。

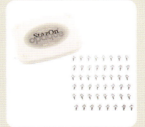

SZ-181 Mist Gray 迷雾灰

中规中矩的灰色，毫无任何情感成分，也没有任何杂色，是阴影套色中最稳妥的灰色。

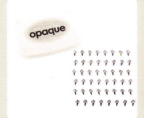

SZ-182 Ivory Black 象牙黑

又一款优秀的黑色，各种表面通吃，覆盖力好，细节比较好，常用黑色的值得入手。

087

StazOn Metallic 不透明金属色速干型万能印台（SZ）

编号	名称	颜色数	属性	补充液	大盒	清洗
SZ	SZ金属	4	溶剂/染料	有	有	清洗剂
细节	浮雕粉	速干	抗水	打印纸	卡片纸	硬纸板
良	可	是	是	优	优	优
铜版纸	相纸	木	布	陶瓷/玻璃	皮革/橡胶	塑料/亚克力
优	优	优	优	优	优	优

湿说：

StazOn系列的产品以"哪都能印"著称，自然不会缺少金属色。SZ金属和StazOn Opaque一样是不透明色，而且是空白印台与印油的套装。值得一提的是，该系列的金属印油沉淀现象严重，使用之前一定要用手将印油捂热，然后均匀摇晃令印油混合，再添加到印台表面上。StazOn Metallic的印台无论是覆盖性还是金属光泽都是一流的，几乎没有什么缺陷。SZ金属仍然需要StazOn专用清洗剂来清洁。

SZ-191 Gold 金色

虽然没有BD-91那样华丽，却能真实还原金色的本来面貌，在白纸上比AS-91的金色的表现力要好。

SZ-192 Silver 银色

这款银色是月猫全系印台中银色效果最好的，覆盖性一流，色泽闪亮洁白，任何背景通吃。

SZ-193 Copper 铜色

同样是全系月猫中最好的铜色，是标准的青铜色，在红铜与黄铜之间徘徊的铜色，覆盖性好，颜色匀称。

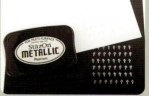

SZ-195 Platinum 铂色

这是一种象牙白一般的金属色，光泽比较细腻。我们可以在很多高档车身上找到这种颜色。

Kaleidacolor 彩虹印台（KA）

编号	名称	颜色数	属性	补充液	大盒	清洗
KA	KA	24	水性/染料	无	有	水/清洗剂
细节	浮雕粉	速干	抗水	打印纸	卡片纸	硬纸板
良	不可	是	否	优	优	优
铜版纸	相纸	木	布	陶瓷/玻璃	皮革/橡胶	塑料/亚克力
优	极佳	差	差	差	差	差

湿说：

KA的颜料属性与MD是完全一样的，不过配色方面和MD有着非常大的差异。KA印台拥有独特的抽拉式手柄，在不使用的时候将色块分开避免串色，也可以通过这种结构调节色块间距。在相片纸、铜版纸这种光面吸收纸上颜色会显得更加明艳。值得一提的是，KA印台的配色方案都非常文艺，且配色效果十分别致，使用效果良好，因此在多色印台中非常受欢迎。不过由于印台结构以及颜料属性方面的特征，KA的操作手感比起CD、NJ3等基础型颜料的印台要差很多。

KA-01 Spectrum 光谱色

七色光中的五色，颜色饱满浓郁，印出来的效果也是清晰真实，适合喜欢追求艳丽颜色的同学。

KA-02 Pastel 蜡笔色

名字的意思其实也指彩色粉笔。这款呈现出来的是相对淡雅的颜色，配色明快又不失艳丽，很适合用来涂背景。

KA-03 Royal Satin 皇家缎彩

以皇宫中深沉浓厚端庄的颜色为主题，五个色块都偏深沉，十分百搭，是一款任何图案都通吃的印台。

KA-05 Calypso 卡里普索

名字来自北欧神话中的海洋女神。配色方案冷暖兼顾，以光谱方式过渡，梦幻又带着几分妖艳。

KA-06 Bouquet 花束色
春意满满的小清新。配色很适合一些梦幻森女乃至玛丽苏的图案，比较不适合古朴、写实类的图案。

KA-07 Birthstone 诞生石
由紫水晶、坦桑石、海蓝宝石、紫翠石、蓝晶玉这五个颜色构成，这个蓝紫的变幻色充满了魔幻梦境的感觉。

KA-08 Autumn Leaves 秋叶
褪却的绿色，枫叶的红色，叶子的枯黄，组成一幅早秋的意境。整体温暖而舒适，绿色的出现抹去了黄红棕色的燥热。

KA-09 Berry Blaze 果酱
纯紫色主题的配色，但是并没有端庄典雅的深紫色，相反粉紫红紫的成分更多。紫色控你们只有这个选择了！

KA-11 Caribbean Sea 加勒比海
选取了加勒比海岸优美的蓝绿配色方案。如果你有想拥抱大海的想法，这个印台就是你的首选了。

KA-13 Creole Spice 克里奥香料
克里奥是一种菜色的流派，使用当地特有的水果和香料烹制菜肴和海鲜，其中当然有胡椒。

KA-14 Melon Melody 蜜瓜旋律
甜蜜多汁的蜜瓜加上音乐，那简直就是一件充满热情的享受。这套配色就像是一个吸收了充足阳光饱满香甜的蜜瓜。

KA-15 Baby Powder 婴儿粉
Baby Powder其实是婴儿爽身粉的俗称，以非常适合婴儿的稚嫩颜色进行组合，整体非常的轻快、可爱。

KA-16 Desert Heat 灼热沙漠
这个红色渐变将红色的热情发挥到了极致，甚至两个橙色也似乎被红色的热浪吞噬掉一般。

KA-17 Blue Breeze 蓝色微风
蓝色控看到这个会把持不住的，海洋，天空，梦境，无论你如何想象蓝色的美妙，它都不会让你失望。

KA-18 Fresh Greens 清新绿色
闭目片刻，接受清新绿色们的拜访，会让你心情大好，仿佛生命的能量从双眼注入到你的灵魂之中。

KA-19 Cappuccino Delight 甜美卡布奇诺
这款甜美的卡布奇诺的配色如同品味一杯咖啡一般，在一个安静的角落 默默地显示自己的甜美。

KA-20 Fruitcake 水果蛋糕
红配绿的撞色搭配毫无违和感，只是作为水果蛋糕来说，水果的种类少了一点。

KA-21 Riviera 里维埃拉
传说中的蓝色海岸，比加勒比海惊艳的是那神奇的一道紫色，增加了一些梦幻的色彩！

KA-22 Luau 卢奥
这种明艳且冲击力强的颜色组合正是Luau的特征，天蓝色和黄色夹在中间，给印台增加了明暗错落的对比感。

KA-23 Flannel 法兰绒
以彩色法兰绒为基础，在明亮的基础上加入了一些低沉做旧的效果，凸显了法兰绒那种柔合、温馨的质感。

KA-24 Denim 牛仔布
配色选择了牛仔裤常用的颜色，利用天蓝色提升了印台整体的明快度，你可以用它染出牛仔布或者复古英伦风。

KA-25 Vineyard 葡萄园
这款配色既可以体现古典的气氛，也能发挥田园风格般的味道。同样无论印片还是染卡，它都可以任意胜任。

KA-26 Tomato Vine 番茄藤
简直就是一个活生生的番茄，它的风格和秋叶很像，但是红色的使用让它十分接近成熟的番茄。

KA-27 Tahiti 塔希提
虽然也是海岛主题的配色，但是非常强调阳光、人和海水的融合。

091

Chapter Four
第四章　颜色的世界

认识印台正是认识颜色的过程。自从伟大的艾萨克·牛顿爵士利用三棱镜折射太阳光发现光谱色之后，关于颜色的研究和探索不再是画家的专业，它与数学、物理、化学紧密地联系在一起。我们使用的颜料，即便是同一种类型，往往因为不同颜色的颜料使用不同原材料而出现些许的性状差异。如黑色印台大多数是以石墨（也就是碳）为原料，所以黑色大多数会比其他颜料浓稠，或者更容易蹭脏。同时不同颜色之间会出现不同的气味（有些颜料是从花朵中提炼出来的）。

色彩的三要素：色相、明度、彩度。

图中同色系的每一节都可以称为一种色相，也就是我们俗称的色系。

我们通常把色系分成红、橙、黄、绿、蓝、紫，还会把粉色和棕色列为独立的色系。然而事实上粉色系是红色与洋红色的高明度效果，棕色是橙色的低明度效果。

那么这里又要说到明度。明度也叫亮度，指的是颜色吸收和反射光线的效果。就同一个色相而言，越接近圆心的位置，明度就越高；反之，则明度越低。

而彩度，则是我们常说的饱和度，彩度越高，颜色就越鲜艳；反之则会变成黑色、白色、灰色的一种。

于是，就有了我们平时形容颜色的各种词语：深与浅，明与暗，鲜艳与灰暗。

在颜料的世界中，红、黄、蓝，称之为三原色，配以黑色和白色的颜料修改色彩的明暗度和饱和度，理论上可以制造出任何你能见到的颜色。事实上，绝大多数的调和颜料也都是由这五种颜料调和而成。

当然除了数学理论和物理理论上的颜色分析以外，每种颜色还有自己的象征以及语言，这也正是我们选择一个颜色必须要考量的事情。

不恰当的配色会让人感觉不舒适，而美好的配色方案也会让人幸福感倍增。

那么，每种颜色都是什么意思呢？

红色象征爱情、憎恨、原罪、富饶、勇气、愧疚乃至好运,是既喜庆又危险的信号。

第一节 红 Part One

艳 红

彩度极高的红色和几乎没有杂质或者杂质很少的红色,象征美好、热烈的事物,而此类红色印台的命名也多以水果、服装、爱情为主题。

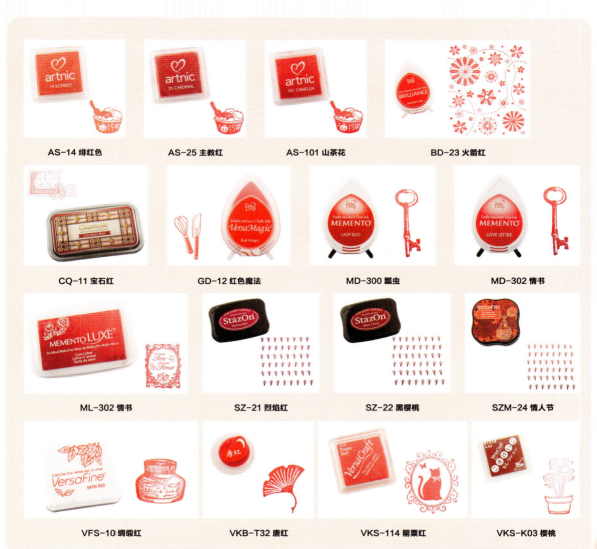

AS-14 绯红色	AS-25 主教红	AS-101 山茶花	BD-23 火箭红
CQ-11 宝石红	GD-12 红色魔法	MD-300 瓢虫	MD-302 情书
ML-302 情书	SZ-21 烈焰红	SZ-22 黑樱桃	SZM-24 情人节
VFS-10 绸缎红	VKB-T32 唐红	VKS-114 罂粟红	VKS-K03 樱桃

095

洋 红

红色与紫色的中间色在视觉上更加像是红色，但是比通常的红色要显得冰冷、妖艳、魅惑，这是一种充满偏见和矛盾的颜色，看起来既轻浮又唯美。

AS-15 洋红色　　　AS-23 玫瑰红　　　VKS-K23 宝石

砖 红

偏向橙色的红色，彩度相对较低。就像它的名字一样，像红土的颜色，也像是红砖的颜色，属于大地色系的范畴。它通常带给人古典、稳重、踏实（城堡、房屋、茶壶）的感受，甚至是破败、颓废的感觉（铁锈、污水、未洗净的血渍）。

AS-155 辣椒红　　　GD-53 砖红色　　　MD-801 陶土色　　　VKS-156 砖红色

深 红

明度较低而彩度较高的红色，很多时候用来形容干涸的血液，在很多不祥的场景中也多用深红色来描绘。当然深红色也并非是不祥的红色，成熟的女性也使用深红色来表达自己热烈而内敛的气质。

BD-63 珍珠罂粟　　　MD-301 大黄梗　　　ML-301 大黄梗

SZ-156 波尔多红　　　SZM-23 酒红　　　VFS-11 深红　　　VKB-T31 深绯

暗 红

比起深红色更加晦暗，有杂质的暗红色往往会被划分到棕色或者深紫色当中。暗红色除了用来描述写实的物品（如红豆沙），多用来展现历史风貌，呈现红色由盛而衰，也最容易用于邪恶的角色。

VKS-K05 山葡萄　　　　VKS-K07 红豆

橙色在很长时间内没有受到人类的重视，因为和它相邻的红色与黄色都实在太出众了。但是橙色无处不在，并且种类丰富。水果、蔬菜、动物、太阳以及天空都不乏橙色的出演。而橙色深一些，就会变成棕色，那种被我们认为除了黑色以外最百搭的颜色。橙色的表现形式不多，而且看似很难赋予一种情绪，但它在人类文明中扮演着重要的角色。

第二节 橙 Part Two

粉 橙

总会令你感觉无比舒适的橙色，只要看见一眼，你一定会送它"粉嫩"的形容词。粉橙色来源于温和的水果，较红橙和暖橙而言，更加的低调，但是并不低沉，相反还会让人觉得清甜，俏皮可爱和平易近人。

AS-31 杏黄色　　AS-122 丰收黄　　GD-33 柿子　　VKB-T24 曙

VKS-132 杏黄色　　VKS-K21 饼干　　VKS-K22 胡萝卜

097

亮 橙

如果提到荧光色，醒目的颜色一定会有荧光橙。这种闪亮的橙色，尤其是在天空、海洋或者草原等冷色调背景中显得异常夺目，所以人们经常使用亮橙色作为救生衣，环卫工人也穿亮橙色制服来增加醒目感。

ANM-72 荧光橙　　AS-13 橙色　　BR-31 珍珠橙

VKS-112 橘红色　　VKS-K02 脐橙

暖 橙

色相上偏向黄色的橙色。尽管同色阶下，暖橙色比黄色的明度要低很多，却继承了黄色炽热、温暖、崇高的属性。如果你曾经了解过荷兰，对橙色一定不会陌生。世界杯荷兰队的比赛会让你想要戒掉橙色，对荷兰民族而言，橙色象征顽强、自由、斗争与信仰。

BD-61 珍珠锈　　GD-11 疯狂芒果

MD-200 橘柚　　SZM-71 热情的橙子　　VKB-T23 橙

红 橙

色相上非常偏近红色，却并不像红色那样危险，但是仍然保留了忠诚、热烈、温暖的属性。摩洛哥的国旗就是这样的红橙色，中国人也喜欢用朱砂色（仍然是一种橙色）来作为书法绘画的印鉴色，因为它不会像红色那样夺目，却又不失色彩。

AS-100 朱红色　　　MD-201 摩洛哥　　　ML-201 摩洛哥

SZ-92 南瓜　　　SZM-92 南瓜　　　VFS-12 哈瓦那　　　VKB-T21 朱色

棕 橙

明度降低的橙色，如果再深一点就要被划分到棕色当中了。非常像大自然跨季的颜色，树叶由绿变黄会短暂经历棕橙色；各种水果由成熟到腐烂，中间也会经历这样的棕橙色。很多时候，棕橙色成为秋天的代表，丰收，喜悦，放松，温和。

AS-52黄玉　　　AS-182橘黄色　　　GD-61南瓜香

MD-802花生糖　　　VKS-153秋叶

黄 第三节 Part Three

在光谱色中，黄色是明度最高的颜色。它醒目，出众，容易引起注意。在中国，黄色代表玄妙和崇高，是帝王君主们钟爱的颜色。

明 黄

它一定是最夺目的黄色，是你念念不忘的荧光笔色。如果我们描绘阳光一定会用到这样的黄色。阳光的使者，向日葵也是这种明亮的黄色；还有水果摊上最醒目的东西——柠檬，也是这样靓丽的颜色。

ANM-71 荧光黄　　AS-11 金丝雀　　AS-107 向日葵　　AS-121 佛手柑

BD-11 向日葵黄　　BR-30 珍珠黄　　MD-100 蒲公英　　ML-100 蒲公英

SZ-93 向日葵黄　　SZ-111 那不勒斯黄　　VKB-T13 柠檬　　VKB-T15 金丝雀　　VKS-111 柠檬黄

暖 黄

黄色一定有种温暖的含义，因为我们印象中的火焰就是一种黄色。被火光照亮的场景也都被赋予一层暖黄色。暖黄色不闪耀，但是并不晦暗。当你无法确定是不是要用到明黄色的时候，暖黄色一定是最合适的替代品。

AS-12 金盏花　　MD-103 哈密瓜　　SZ-91 芥末黄　　VG-51 丰收黄

VKB-T14 黄水仙　　VKB-T17 郁金香　　VKS-K01 蜂蜜

淡 黄

无论是低彩度还是低明度的黄色，都是淡黄色的一种表现形式，它毫无土黄色那种灰尘满布的感觉，常常会出现在花朵或者食品当中，令人感到温馨、舒适、甜蜜，却仍然带着热烈，就像香喷喷的面包一样。

AS-131 水仙花　　CQ-51 赭黄　　GD-31 稻草黄

VG-32 木兰花蕾　　VKS-131 玉米黄

土 黄

大地有一种颜色，你总是无法把它归为棕色，这就是土黄色，看起来乌突突。我们会想到沙尘暴，黄土高原和视野中不明成分的雾霾。虽然很多时候它都被嫌弃，成为污秽的代名词，但是流行服饰中从来不乏土黄色调的服装，尤其是风衣和大衣这种正式的服装，土黄色往往可以让人很好地融合到环境当中，又和各种灰色不同。

AS-181 香草色　　BD-55 珍珠米黄　　GD-82 麦黄

VKB-T16 象牙　　VKS-152 砂黄色　　VKS-K30 亚麻布

棕 黄

和橙色类似，再深一些我们就可以把它划分到棕色当中了。棕黄色代表的味道很多，可能是酸涩的也可能是甜蜜的；可能是浓稠的也可能是丝滑的。我们接触的食材中有相当多的棕黄色，它一直那么不起眼，你却总能见到它。

AS-51 黄土色　　BD-53 珍珠橄榄　　VFS-52 太妃糖

VG-71 甘蔗　　VKB-T18 芥子

虽然我们总是认为绿色代表生机、植物、春天、环保和生命之本，但是绿色也是最典型的邪恶颜色，比如异形、怪兽、僵尸的血液都惯用绿色来表现。绿皮的哥布林总是让人感觉狡猾。绿色的果实也总被形容为不成熟。同样"气得脸发绿"，或者形容嫉妒，都是以绿色来表现的。绿色是我们最泛用的颜色，月猫印台中的绿色多达70个，是全部色系数量最多的一种。

第四节 绿 Part Four

黄 绿

明显带有黄色成分的绿色，很多黄绿色甚至会让一些色弱色盲患者恐慌，因为它太难辨认出来了！区分它们最好的办法自然还是联想阳光。要知道你无论如何也不可能感受到阳光中存在绿色，如果有一种黄色你无法发觉它存在于阳光当中，那么它很可能就是绿色了。明快的黄绿色大多代表稚嫩、青涩、顽皮；而黯淡的黄绿色大多代表低调、老成、厚重。

AS-42 青柠　　AS-62 苔藓绿　　AS-63 豌豆绿　　AS-64 卡其色　　AS-69 竹绿色

GD-39 墨西哥青柠　　GD-58 香蒜酱　　GD-59 西班牙橄榄　　GD-60 茶叶绿

GD-83 鼠尾草　　MD-703 梨子馅饼　　MD-706 开心果　　MD-708 橄榄绿

103

草绿

草绿系列的绿色，总是能与大自然挂钩。它稍稍偏向黄色，任何绿色植物新生的样子，总是这种颜色。草绿色象征生命，象征自然，它的命名几乎全部都是来自植物或者水果。

| VKS-122 春绿 | VKS-141 猕猴桃 | VKS-K14 麝香葡萄 | VKS-K29 三叶草 |

淡绿

彩度相当低的绿色，但仍然能够看到它绿色的成分。通常用来形容稚嫩、萌芽、娇贵以及清新的气氛。

| CQ-63 叶绿 | GD-80 芦荟 | MD-704 萌芽 | SZ-140 蚕豆绿 |

灰绿

非常奇幻的绿色，十分具有民族风范和手工格调的绿色。碱式碳酸铜便是灰绿色的一种，被称为"青瓷"的绿色，曾经是非常高超的手工技艺。这种朦胧的灰绿色也总用来形容奇幻、迷茫甚至是恐怖的气氛。笼罩在灰绿色雾气当中的森林，总是带着一些诡异的气氛。

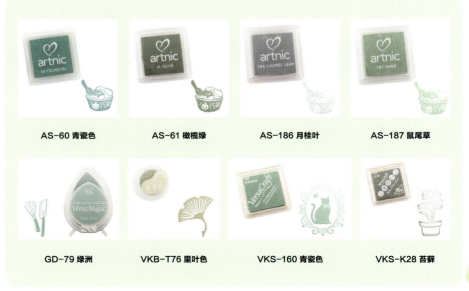

| AS-60 青瓷色 | AS-61 橄榄绿 | AS-186 月桂叶 | AS-187 鼠尾草 |
| GD-79 绿洲 | VKB-T76 里叶色 | VKS-160 青瓷色 | VKS-K28 苔藓 |

冷 绿

融入了蓝色成分的绿色。冷绿通常用来形容高贵、美好、优雅的事物。著名的电子歌姬"初音未来"的绿色便是冷绿的一种。绿松石是冷绿色的代表。而薄荷绿作为清凉的象征,则必须带有蓝色的成分。

光谱绿

虽然在光的三原色中,并没有绿色,可是在显示器的色彩中,绿色却代替了黄色成为三原色之一。RGB中的Green,正是光谱绿,由等量的黄色和蓝色叠加得到。色泽饱满纯正,难以辨认它们是偏向黄色还是蓝色。

墨 绿

我们把深绿色和墨绿色合并在一起,因为深绿色的明度再低一级就很容易被称为墨绿了。墨绿总是象征积淀、历史、内涵、宏大、深邃。提到墨绿色,我们一定能想到常青植物。故事中的侠盗,总是身着深绿或者墨绿色的外衣。

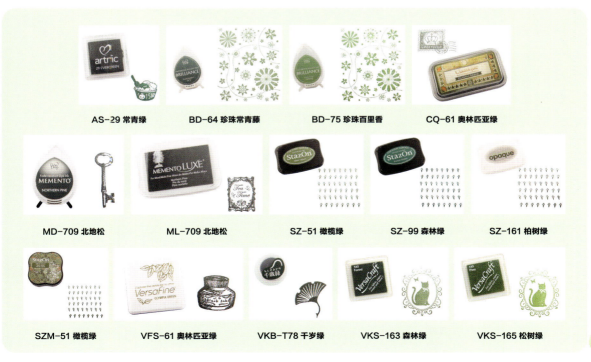

蓝

第五节 Part Five

蓝色是浩瀚的，从天空到海洋，我们的世界被蓝色包围。蓝色代表忧郁，我们很难用别的颜色来代表这种情绪。蓝色象征着阳性，几乎没有人会为女婴穿上蓝色的服装。蓝色平和而冷静，并不是做作的平静，而是那海洋和天空一般辽阔的胸怀无所不容。

浅蓝

稚嫩、清爽，如微风拂面，如海浪拍岸，如风轻云淡。如果风真的有颜色，那么一定是淡蓝色，飘渺，自由，轻盈，舒爽。它还是大自然的指挥，无论是海浪声，还是森林声，我们生存的这个家园总是能够响应蓝色微风的号召。

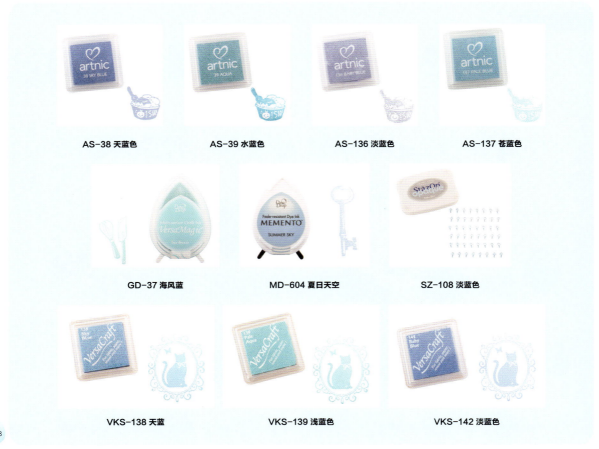

AS-38 天蓝色　　AS-39 水蓝色　　AS-136 淡蓝色　　AS-137 苍蓝色

GD-37 海风蓝　　MD-604 夏日天空　　SZ-108 淡蓝色

VKS-138 天蓝　　VKS-139 浅蓝色　　VKS-142 淡蓝色

灰 蓝

灰蓝色在大多数场合几乎可以和灰色通用。灰色是没有温度的颜色，而灰蓝色便会让灰色充满冰冷的寒气，就像极地天海之间的千年玄冰一样，似灰似蓝。没有任何颜色能比灰蓝色更加寒冷，即便是白雪皑皑，如果没有灰蓝色的拥抱，也许还会被称作温馨的雪景。

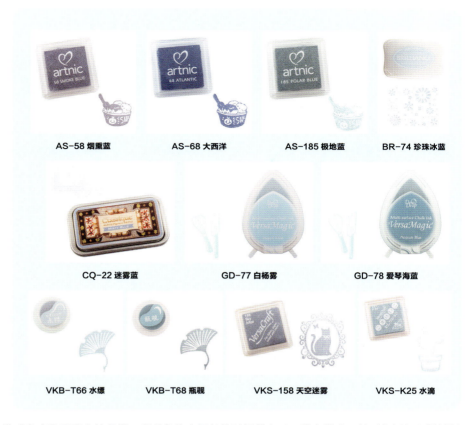

AS-58 烟熏蓝　　AS-68 大西洋　　AS-185 极地蓝　　BR-74 珍珠冰蓝

CQ-22 迷雾蓝　　GD-77 白杨雾　　GD-78 爱琴海蓝

VKB-T66 水缥　　VKB-T68 瓶觊　　VKS-158 天空迷雾　　VKS-K25 水滴

青 蓝

这一种蓝绿色仍然会造成色盲色弱患者的恐慌。当蓝色偏向绿色的时候就有了一种鬼魅感，并不像绿色那样显得轻浮，而是充满了蓝色的内涵。富有生机的水域也因为水中各种绿藻、水草，它们与蓝色的水交织成青蓝色。青蓝色失去了蓝色的冰冷，融入了绿色的活力。

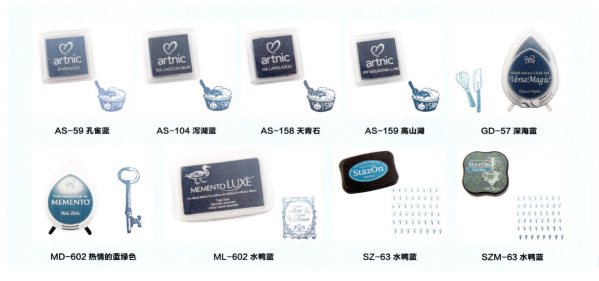

AS-59 孔雀蓝　　AS-104 泻湖蓝　　AS-158 天青石　　AS-159 高山湖　　GD-57 深海蓝

MD-602 热情的蓝绿色　　ML-602 水鸭蓝　　SZ-63 水鸭蓝　　SZM-63 水鸭蓝

109

| VFS-19 深泻湖 | VKB-T64 孔雀 | VKB-T65 新桥 | VKS-K12 苏打水 |

天 蓝

我们将天空的蓝色分了很多种，如夏季午后的淡蓝色，傍晚东方的深蓝色。而我们最向往的天蓝色，是一种比青蓝色明快，且彩度极高的蓝色。这种天蓝色让人感觉舒适、广阔、凉爽、宁静，非常符合我们的生理节奏。影视动漫作品中很难见到身着天蓝色服装的恶人，这些坏蛋用到的蓝色更多的偏向于绿色。

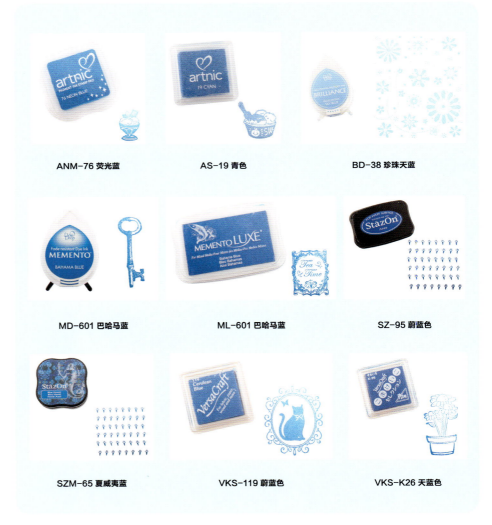

ANM-76 荧光蓝　　AS-19 青色　　BD-38 珍珠天蓝

MD-601 巴哈马蓝　　ML-601 巴哈马蓝　　SZ-95 蔚蓝色

SZM-65 夏威夷蓝　　VKS-119 蔚蓝色　　VKS-K26 天蓝色

纯 蓝

说到纯蓝色的一种，群青色，大概身边有美术经验的人都对它爱恨交加。纯正的蓝色象征着神圣、庄严、尊贵、纯净、忠诚以及华丽。大不列颠视纯蓝色为皇家蓝，只有皇室的成员以及尊贵的骑士才能拥有蓝色的徽记或战袍。

蓝 紫

即便是光感十分优秀的人类双眼，也总是难以辨认蓝紫色的归属。它们同样会让电子设备"恐慌"，只要光线稍微变化，电子照片上的蓝紫便会呈现明显的色差。然而就是这样蓝而又紫的颜色，让庄重而阳刚的蓝色带有一丝紫色的优雅与妩媚。

深蓝

高贵的深蓝象征着正义，就像无尽的夜空和深邃的海底。然而深蓝色通常也代表邪恶，灾星便是从深蓝的天空中降临，而深渊一样的海洋也潜藏着不为人知的恐怖。牛仔裤惯用深蓝色，因为显得耐用而且百搭。海军与水手也惯用深蓝色，代表对海洋的敬畏和尊重。美妙的夜色，也是从迷人的深蓝色开始。

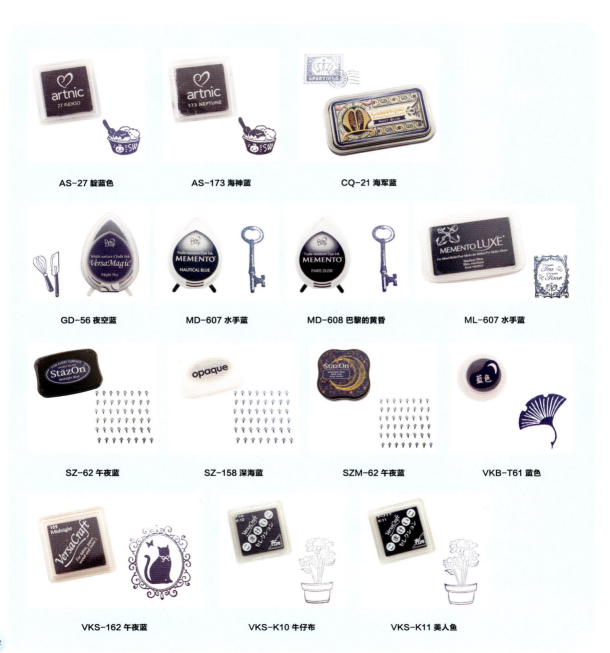

如果要你用一种颜色来形容女性,尤其是成熟女性,那么它只有可能是紫色。紫色是特别的,尊贵的,精致得令人愉悦且无时无刻体现着优秀的品质。紫色从各种角度都在描绘着女性的魅力,而且并非任何人都可以驾驭紫色的服饰,不恰当的紫色穿着往往会遭到众人的轻视。

第六节 紫 Part Six

淡紫

淡紫色几乎是紫色花朵的代表色。薰衣草,丁香花,牵牛花,八仙花……太多的花朵拥有这类淡雅芬芳的紫色。淡紫色让人感到舒适、柔和。它富有亲和力,充满梦幻的气息。

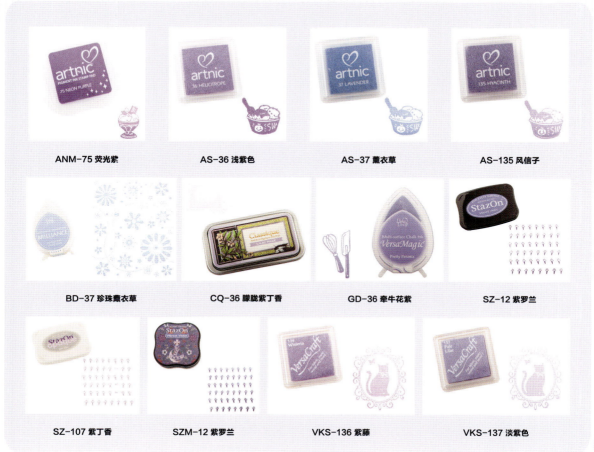

ANM-75 荧光紫	AS-36 浅紫色	AS-37 薰衣草	AS-135 风信子
BD-37 珍珠薰衣草	CQ-36 朦胧紫丁香	GD-36 牵牛花紫	SZ-12 紫罗兰
SZ-107 紫丁香	SZM-12 紫罗兰	VKS-136 紫藤	VKS-137 淡紫色

粉 紫

紫色并不全是代表成熟的气质。粉紫色就非常具有公主般的魅力，既继承了紫色的高贵气质，又包含粉色的柔美与稚嫩。

红 紫

有一种紫色，令人难以捉摸，它和我们概念中的紫色相去甚远，我们却不得不承认它是紫色。散发出这种紫色的物品，大都充满着耐人寻味的魅力，从液体艺术品红酒到石榴石紫水晶，似乎内心的热烈都被深沉的紫色笼罩起来，形成一种独特的气质——妖娆、唯美、孤独。

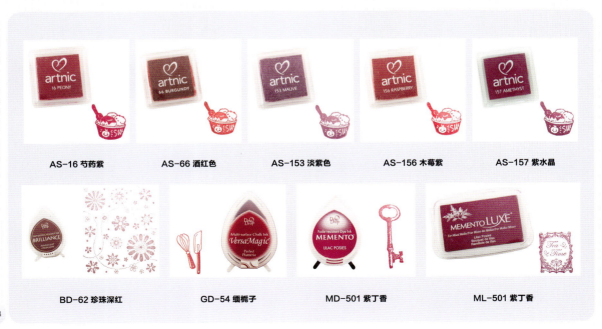

VKB-T44 梅紫　　VKB-T48 苏芳　　VKS-125 石榴石　　VKS-161 酒红色

纯紫

作为光谱色的一种，一定有一种纯度相当高的紫色。找到纯紫色并不容易，色彩纯度稍微出现偏差，纯紫色端庄、优雅、华贵的女王风范立即就会消失殆尽。

AS-17 紫罗兰　　BR-17 维多利亚紫　　MD-500 葡萄果冻　　SZ-11 鸢尾花紫

VG-17 康考特葡萄　　VKS-116 芍药紫

深紫

虽然紫色如此的女性化，但仍然有不少男性愿意尝试。深紫色便是符合男性风格的颜色。然而身着深紫色的女性，则会惊奇地呈现出鬼魅、诱惑和深邃的性感气质。深紫色是邪恶而霸道的，它们通常是女性刺客的装束，也经常以恶魔的肤色出现在影视动漫作品中。

AS-26 博伊森莓　　AS-172 葡萄紫　　CQ-37 帝王紫

GD-55 八仙花紫　　　GD-63 茄紫　　　MD-506 甜李子　　　MD-507 接骨木果实

ML-506 甜李子　　　ML-507 接骨木果实

SZ-101 皇家紫　　　SZM-13 哥特紫　　　VFS-37 帝王紫

VKB-T54 菖蒲　　　VKB-T58 茄子绀　　　VKS-K08 紫罗兰　　　VKS-K09 薰衣草

同样是女性风格十足的颜色，粉色恰恰和紫色形成了极端的风范。如果紫色代表女王，那么最适合粉色的一定就是女婴了。明度极高的红色或者洋红色就成了粉色。

第七节 粉 Part Seven

淡粉

人们经常把粉色形容为梦幻般的颜色，而梦境中的粉色，正是这种淡雅、朦胧、清新、柔和的颜色。你永远不用担心在淡粉色的场景中遇到危险。

| AS-134 花瓣粉 | GD-34 精灵粉 | MD-404 天使粉 |
| ML-404 天使粉 | SZ-106 羞羞粉 | VKS-134 泡泡糖 |

嫩粉

粉色令人舒适，而偏橙色的嫩粉色，则更加突出了粉色的舒适度。当你看到嫩粉色，你的心跳会加速，像是初恋的味道，也有点像西柚的酸涩，仿佛一场热恋的序幕即将拉开。

| ANM-73 荧光珊瑚 | AS-32 珊瑚色 | AS-133 海贝 | BR-32 珍珠珊瑚 |

灰粉

粉色也可以古典，也可以拥有历史气息。鲜红的玫瑰，被风干后褪掉狂热的红色，就是一种陈旧的灰粉色。灰粉色将美好收敛于历史当中，像是一杯温酒，芬芳、甘醇，值得细细品味。

玫瑰粉

　　一种洋红色形成的粉色，彩度极高，异常夺目。由于常出现在稚嫩的玫瑰花蕾上而得名。春季的桃花也不乏这种明艳的粉色。它象征着华丽，但不张扬；象征着柔美，但不做作；象征着灿烂，但不疯狂。

| MD-400 玫瑰花蕾 | ML-400 玫瑰花蕾 | SZ-81 樱桃粉 | SZ-82 樱粉色 | SZM-81 樱桃粉 |

| VKB-T43 莲 | VKS-115 樱桃粉 | VKS-133 玫瑰粉 | VKS-K06 胭脂 |

第八节 棕 Part Eight

由橙色变暗而得到的棕色，始终是服装界的百搭色。棕色的种类很多，棕红、棕黄、棕黑、棕橙，几乎暖色调的色相加深后都逃脱不了变棕的命运。棕色象征历史、大地、陈旧、古典、端庄、严肃，也会象征平庸和卑贱。

棕黄

大地通常离不开的颜色，黄土、沙漠是它们最好的代言物。当然它们也少不了代表丝滑香浓的口感，太多的咖啡饮料都是这种温暖的棕黄色。在冬天，棕黄色是最容易让人感到温暖的颜色。

| AS-55 焦茶色 | AS-151 砂黄色 | CQ-53 可可棕 | GD-62 姜饼 |

| GD-72 撒哈拉砂 | MD-804 大漠黄沙 | MD-805 太妃糖 | ML-802 花生糖 | ML-805 太妃糖 |
| SZ-42 锈棕色 | SZ-43 马鞍棕 | VKB-T81 黄土 | VKB-T84 柴色 | VKS-K16 奶糖 |

纯 棕

由最纯正的橙色变化而来的棕色，无时无刻象征着格调、品位、典雅、庄重。纯棕色常常在咖啡、巧克力这种令我们愉悦的食物上，它也正如咖啡与巧克力那样雅俗共赏，所以纯棕色才成为我们最容易接受的颜色之一。

| AS-53 可可 | AS-54 棕色 | AS-154 树皮 | BD-54 咖啡豆 |
| CQ-54 复古棕 | GD-52 爪哇咖啡 | MD-800 浓可可 | SZ-154 烘焙咖啡 |

SZM-45 五香茶

VFS-54 复古棕

VKB-T82 黄枯茶

VKS-154 巧克力

VKS-K17 牛奶咖啡

VKS-K18 可可

VKS-K19 浓咖啡

棕黑

最肥沃的土壤正是这种神奇的棕黑色。棕黑色成功地摆脱了黑色那种严肃和谨慎的气质，伴随而来的是正如大地母亲一样孕育众生的亲和力。当你发现使用黑色过于刻板的时候，不妨试试棕黑色。

AS-171 松果　　BD-76 珍珠巧克力　　MD-808 浓咖啡松露

ML-800 浓可可　　ML-808 浓咖啡松露

SZ-41 木棕色　　SZM-44 巧克力　　VKB-T88 煤竹

第九节 黑白灰 Part Nine

事物是相对的，颜色世界的另一面，便是无色世界。光谱色的彩度降到最低，就出现了黑、白、灰三种颜色。

白 色

完全反射太阳光的物体，就会呈现白色。白色是纯洁的象征，它可以让任何颜色在它表面上呈现。白色也象征着崇高、真挚、透彻、无私以及洁净，你可以用白色来漂淡任何一种颜色。

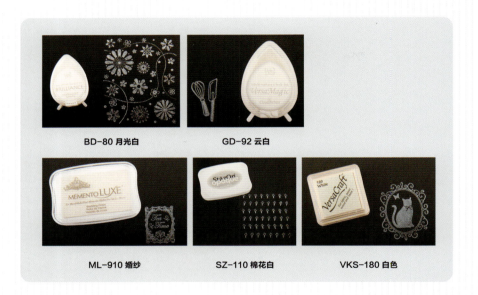

BD-80 月光白　　GD-92 云白

ML-910 婚纱　　SZ-110 棉花白　　VKS-180 白色

灰 色

灰色是无感情的颜色，也是最没有特色的颜色，就像路边的石头，它总是那么不起眼，你甚至不会注意到它的存在。影子也是灰色的，它总是伴随在我们身边，与我们步调一致，却很难引起我们的注意。

AS-81 天空灰　　AS-83 城堡灰　　AS-174 木炭灰　　AS-183 水泥灰　　GD-81 尼亚加拉迷雾

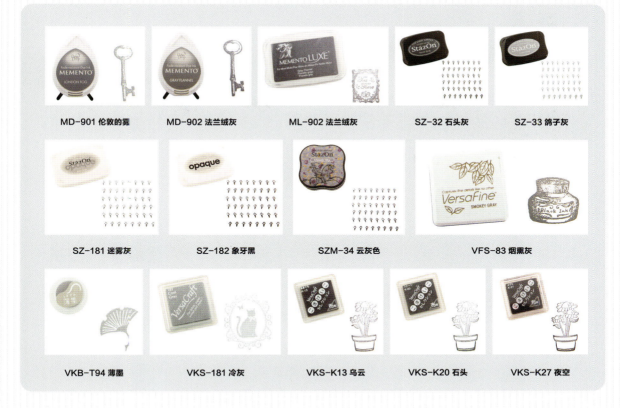

MD-901 伦敦的雾	MD-902 法兰绒灰	ML-902 法兰绒灰	SZ-32 石头灰	SZ-33 鸽子灰
SZ-181 迷雾灰	SZ-182 象牙黑	SZM-34 云灰色	VFS-83 烟熏灰	
VKB-T94 薄墨	VKS-181 冷灰	VKS-K13 乌云	VKS-K20 石头	VKS-K27 夜空

黑 色

物理上认为，完全吸收太阳光的物体就会呈现出黑色。这种说法是正确的，至少在炎炎夏日，身着黑色会比白色更容易觉得热。黑色是严肃的，谨慎的。黑色也是邪恶的，恐怖的。世界上没有比黑色更加万能的颜色——即便你把花朵涂成黑色，那其实只不过是花朵的影子。黑色的色调毫无选择性，我们只需要根据自己的要求来选择黑色颜料就好。

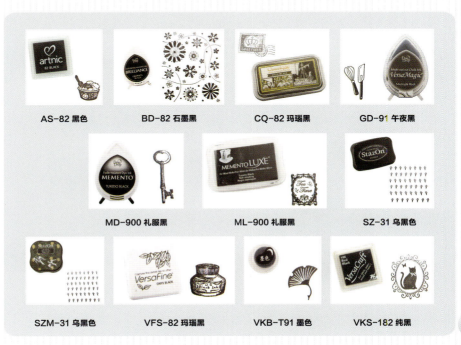

AS-82 黑色	BD-82 石墨黑	CQ-82 玛瑙黑	GD-91 午夜黑
MD-900 礼服黑	ML-900 礼服黑	SZ-31 乌黑色	
SZM-31 乌黑色	VFS-82 玛瑙黑	VKB-T91 墨色	VKS-182 纯黑

123

第十节 金属色 Part Ten

无论是无色的金银色，还是各种有颜色的金属色，都是人类不满足于单纯色彩结构的创作。尽管金属色也是物理学给人类带来的玩笑，但是它的确无法轻易地和光谱色中的任何一种颜色相匹配。

铂色

比起金色更加珍贵，比起银色更加华美，这就是铂色的本质。铂色的颜料更加像是白色，散发着珍珠一般柔和的光泽。

BD-92 白金星球　　SZ-195 铂色

银色

我们常说银白色，却完全没办法把银色归纳入白色的范畴。几个世纪以来，银色始终在另外的角度与金色争锋，就像太阳和月亮。银色象征着优雅、尊贵、低调的华丽。同时银色还被赋予纯净和正义的涵义。银色的子弹可以杀死恶魔，银色的十字架可以降服吸血鬼。中国也以银饰作为辟邪之物。通常影视剧中出现的银甲战士都是正义的化身，救世的英雄。

ANM-192 闪光银　　AS-92 银色　　BD-93 星光银

SZ-192 银色　　US-12 银色

金色

作为地球上最稳定而且最具价值的元素，金色完全没有必要把自己归为黄色系中的一员。金色与各种深色调的颜色搭配，都会散发出夺目的光芒，同时会为各种颜色配上高贵的光环。这种灿烂的颜色，还会在宇宙当中见到。金色象征着财富、奢华、恢弘、无限，令人向往。

AS-91 金色　　AS-191 闪光金　　BD-91 星际金　　SZ-191 金色　　US-10 金色

铜 色

铜色在金银色面前显得暗淡，但它始终是古典爱好者的宠儿。铜单质由于不同的纯度会呈现出由黄到棕红的色泽。但无论哪种铜色，都不会像金银色那样抢眼，它更加的平易近人，更加有韵味。铜色的装饰让人感觉古老有内涵，铜色的涂装可以经受风尘，坚韧不拔。

彩 色

把金属色调融入彩色当中，复杂的视觉效果会令人感觉眩惑，令人爱不释手。

Chapter Five
第五章 色彩趣闻

路德维希·维特根斯坦在《哲学研究》中曾经指出:"我能直接地,不受影响地认识我自己的经验,但这只是因为我把从公共用法中获得意义的概念应用到我的经验身上。公共用法描述了一个实在,除我之外,其他人也能观察到这个实在。我的语言的公共性保证了它的指称客观性。"我们能够交流的"颜色理论",便是这样一种"公共用法"。正是这样一种公共用法,让我们可以统一认识到天空是蓝色,云朵是白色。即便在你我眼中,它们并不相同,我们无法分享自己的视觉体验,却可以用这种公共用法去确保我们看到的是同一种颜色。制定这种公共用法的依据,则是存在于我们身边的万事万物。

珊瑚 Coral

珊瑚的粉色既保持着粉色调独有的柔美与轻盈，又拥有成熟与高贵的气质。这种稍微偏向温暖气氛的粉色，具有十足的亲和力与安全感。

我们可以在很多动漫作品中见到人物珊瑚粉色的着装与发色，而通常用来布置女性房间的粉色也多以珊瑚粉为主。非著名电子歌姬巡音流歌的发色便是珊瑚色，以体现她成熟、美丽、平易近人的御姐风范。

兰花 Orchid

中国从春秋时期就已经记载了兰花。兰花与梅花、竹、菊花并称"四君子"，而且被中国很多城市列为市花。兰花的种类非常多，在颜色界，兰花色通常被指代一种粉中透紫的颜色。

这种奇妙的粉色并没有太多本属于粉色的轻盈气质，相反充满使人瞩目的感觉。略微紫色的色调让这种粉色拥有十足的女人味。我们可以在很多街拍的时尚装束中找到用兰花色作为点缀的案例。

紫丁香 Lilac

丁香花有很多种颜色，不过唯有紫丁香被赋予了颜色的概念。紫丁香的色彩设定是一个范围，大概囊括了由红到紫这个色段的低饱和度色。

与其他的粉紫色不同的是，紫丁香的颜色通常被赋予美丽、寂静、青春、初恋、光辉，如同在人生16岁那时的独特气质，于是紫丁香是一种年轻而有点羞涩的颜色。

薰衣草 Lavender

常见的薰衣草有9种之多，而且彼此的颜色各有差异，不过我们提到的薰衣草色，通常被认为是一种略微偏蓝的冷紫色。

神奇的薰衣草不仅有观赏价值，还有药用、保健、化工等实用价值。实际上，薰衣草色是一种能广泛使用的颜色，它有一点高冷的姿态，又有一种温柔美丽的吸引力。紫色的神秘，蓝色的忧郁，能激发人们的保护欲。无论是牙牙学语的婴儿，抑或是白发苍苍的长者，甚至是男性，都可以选择一些薰衣草色作为自己的服饰装饰。

紫罗兰 Violet

有一种花就叫作紫罗兰，其中的一个品种的颜色便是我们通常认为的紫罗兰色。

紫罗兰色代表一种永恒的美，同时也是一种美德的象征，作为1837—1901年维多利亚女王时代最经典的颜色，它象征了女王气质。与其他紫色不同，紫罗兰色严格定义了它的身份与地位，所以很多时候我们容易觉得紫罗兰色不适合年轻稚嫩的女性，也并不适合男性，任何与女王风范偏离的气质都难以与紫罗兰色相搭配，这也是我们往往很难看到正宗紫罗兰色的服装的原因之一。而另一个原因便是Violet和Purple之间的差别了。大多数时候我们认为Violet和Purple是同一个意思，但是Purple实际上要比Violet更浓郁一些。因为Violet的最核心的定义是太阳光当中的紫色，而我们看到的紫色，尤其是从电子显示屏上见到的永远不可能符合Violet的标准。而Purple作为"实体紫色"，是很难达到Violet紫色光这样的纯粹程度，只能做到无比接近。

灰粉色 Ash Rose

随着时间的推移，一种名为"高级灰"或者是"性冷淡色调"的配色方案逐渐被人们熟知。灰粉色便是其中一个常见的元素。与纯度较高的粉色相比，它更加柔和、平静、稳重、和谐，也非常能够和周遭的环境统一起来。

在日系产品中，高级灰的概念无处不在，似乎代表着一类有专业知识的、理性的、略带矜持的群体。通过不同饱和度的灰粉色，构建出画面感和立体感十足的氛围，而且仍然能保持着粉色调本身所具有的一切情感元素。

灰绿色 Celadon

Celadon一词可以被译作"青瓷",而这种同样常用于高级灰色系的灰绿色,在中国古代被称之为"秘色",也就是秘密配方的意思。灰绿色降低了绿色的纯度,很容易与绿色植物产生色彩错落的感觉,于是它便成为当今田园家居装饰的重要元素。

宜家每年都会有一套这样以灰绿色为主题的样板间,同时还有相当多的同主题家居配饰。在简约风格的装修当中,灰绿色既可以为空间增加生命的气息,还很容易与其他装饰融为一体。

波尔多

勃艮第

霞多丽

酒 Wine

用酒名为颜色命名已经不是什么稀罕事了,我们经常会谈论一种叫作酒红色的颜色。但红酒的颜色可以有很多种。

比如Bordeaux(波尔多)红酒便是我们中国人经常谈论的酒红色,这是一种棕红色的液体,给人的感觉豪迈、华贵、深沉,有内涵。还有Burgendy(勃艮第)红酒,它更加偏向葡萄的紫色,与波尔多红一样,由于其深沉的气质,经常用来妆点高级场所,也是成熟女所非常钟爱的颜色之一。但是以酒命名的不见得就都是红色,比如Chardonnay(霞多丽),它和前面的勃艮第一样,都是勃艮第生产的一种白葡萄酒,不同于勃艮第是地名,霞多丽这个名字是一种葡萄。霞多丽白葡萄酒就像是金色、银色与葡萄绿混合而成的奇妙液体,伴随着甘醇的口感,仿佛将大自然喝到了身体当中。

向日葵 Sunflower

无论是中文名还是英文名,向日葵都扮演着太阳使者这样的角色。而作为一种颜色,向日葵黄通常被定义为大自然界光谱当中的一员。

向日葵黄充满了阳光的能量,它保持着黄色所拥有的醒目特征,又有太阳使者一般真实与纯粹的气质,不像柠檬黄那样淡薄,也不像荧光黄那样浮夸。

绿松石 Turquoise

绿松石非常古老,据考古发现,在5500年前,埃及国王就已经佩戴绿松石饰品了。而在中国,相传"和氏璧"就是用绿松石制成的。虽然不同质地的绿松石呈现的色泽有所差异,不过作为经典的绿松石色,大多保留着绿而偏蓝且饱和度超强的亮眼色彩。这大概也是为什么在古代它能引起皇室贵族注意的原因吧。

作为一种绿而偏蓝的俏丽颜色,初音未来人物的形象设计便运用了这样的色调。虽然初音的颜色一直徘徊在蓝色与绿色之间,但最终也并没有超越绿松石本身的色值范围。绿松石色象征着"信赖与信任",预示着希望和梦想将会照进现实。

湖水色 Lake

"水是一种无色无味透明的液体",教科书是这样说的。但其实水是拥有颜色的,而且是一种非常非常淡的蓝色。湖泊的水色总是让人流连忘返,它们没有大海那种永不停歇的潮汐之力,它们被环绕在青山绿树当中,与天空,植物一起共同演绎那种宁静致远的蓝绿色。

湖绿色和湖蓝色便是我们常常提到的两个颜色名称,但无论是湖绿还是湖蓝,似乎它们都摆脱不掉蓝色与绿色的元素,像蓝色一般宁静而辽阔,又像绿色一样与大自然融为一体。湖水表面的变幻,一定离不开天空与大地的互动,正是这样一种大自然完美融合的场景,湖水色才会那样让人青睐。

水鸭蓝 Teal

蓝色与绿色有一种微妙的平衡,这种平衡的颜色被称为Teal,蓝绿色或者水鸭蓝、水鸭绿。的确,属于水鸭的这种颜色,确实可以在不同的光线下获得一种似蓝似绿的颜色。

这样的颜色总是会引起色弱或者色盲人群的恐慌,他们实在太难辨认这样一种颜色了。选择这种颜色来装饰自己或是家居的人,通常拥有一些忧郁而内敛的气质,他们不像"绿色控"那样充满活力,也不像"蓝色控"那样处处展示自己包容的气质。它们就像湖光山色间掠过的一只水鸭,偶尔惊起一丝波澜,而后归于宁静。

孔雀 Peacock

有一种羽毛颜色蓝绿色平衡的鸟类，它就是孔雀。与水鸭色不同的是，这种命名为"孔雀"的蓝色与绿色更加的鲜明，在阳光下闪烁着夺目的光彩，将蓝色的高贵与绿色的奢华展现到了极致。

孔雀的蓝色被认为是神圣的、辉煌的。东方传说中，孔雀是凤凰的后裔；而西方神话中，孔雀则是赫拉的圣鸟。

皇家蓝 Royal Blue

虽然我们用"蓝领"这样的词汇称呼一些技术工人，但是有那么一种蓝色成为了皇室的象征，这便是皇家蓝，它来源于18世纪的英国。皇家蓝是一种轻微带红色的深蓝色，近似于"宝石蓝"。传说，它象征着宣布耶稣诞生的繁星夜空。皇家蓝来源于18世纪英国王室全国公选的皇家色彩。18世纪乔治三世举行全国范围内的皇家色彩选拔比赛，结果这种深蓝色获胜，并用于夏洛特王后与威廉四世国王的王袍上。

到了20世纪50年代以后，这种蓝色变得更加明亮，新的皇家蓝是介于宝蓝和群青色之间明亮的颜色，它冷贵族的优雅气质衬托得完美无缺。皇家蓝代表着尊贵、神秘、优雅和理智。对于普通英国人而言，在重要场合，他们也尤其喜欢穿上"皇家蓝"以示庄重。

天蓝
Sky Blue

天空是什么颜色？蓝色。那么天蓝色是什么样的？每个人心目中的天蓝色都不尽相同，即使是同一个人仰望天空，也能看到层次不同的天蓝色。而在不同时间段，看到的天蓝色就更不一样了。我们俗称的天蓝色，是一种浅蓝色，也就是在晴朗的夏季，午后时段的天空，透过轻云看到的淡薄的天空。

洛天依便是用这样一类天蓝色来定义自己的气质。

那么，夜空是什么颜色呢？蓝色还是黑色？大概是蓝色加黑色吧！我们习惯地把夜空认为是蓝色的，的确，在太阳西沉之后，有相当长一段时间的天空呈现出一种深蓝色，仿佛有人在天空中添加了黑色的颜料，让夜空逐渐走向黑暗。夜空的蓝色与黑色象征着严肃、稳重、沉淀、深邃、蓄势待发，同时仍然具有蓝色本身所拥有的忧郁和有包容力的色彩情感。

夜空
Night Sky

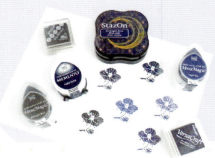

夜空色作为亦正亦邪的颜色，时刻切换着自己的神秘身份，在影视动漫作品中，主要色调夜空蓝色的人物似乎总是魅力十足，实力超强。身着夜空蓝的英雄，总是带着一份邪恶与凶暴。而同样着色的邪恶人物，也意外地有优雅的魅力。

海洋 Ocean

地球表面约七成被海洋覆盖，不同的海域和自然风光让海水的颜色有着千奇百怪的变化。

巴哈马海域便是一个独特的例子，即便从卫星图上观察，它的颜色也别有一番景致。即便深入海底，也能观察到层次不同的蓝色。与夜空蓝不同的是，海洋的蓝色都或多或少的带有绿色的生命气息，这也令海洋蓝比天空蓝更加有活力。每每提到海蓝色，我们都难以不想到阳光与沙滩那样充满活力的画面。

巴哈马海域

巧克力 Chocolate

这种略显小资而且浪漫的零食显然不会逃过用去命名颜色的命运。巧克力是由可可制成的，可可含量是衡量巧克力品质的重要参数之一。而巧克力有多种形态的产品，比如色泽明亮的牛奶巧克力，色泽暗沉的黑巧克力，以及色泽无比深邃的松露巧克力。

巧克力色便是基于巧克力产品的一种棕色，通常不会含有明显的杂色（偏红或者偏黄）。

咖啡 Coffee

　　咖啡色也是棕色的一种命名，和巧克力也有一些不解之缘甚至是交集，例如摩卡。但是从色调上来讲，咖啡色比巧克力色的阈值更广，我们可以发现一些偏棕红色或者棕黄色的颜色同样被命名为棕色。

阿月浑子 Pistachio

　　说起"阿月浑子"这个名字，估计几乎所有读者都会一脸茫然。其实大家都吃过的，它是开心果。阿月浑子这个名字，应该是来源于波斯语arghavan。而叫作开心果，则是显而易见了吧！

　　开心果的奇妙，很多时候在于它是个绿色的大花生，因为我们几乎很难看到常吃的干果当中有绿色果实的，也正是这种香甜美味的东西，让它拥有了一个定义颜色的机会。这种看上去不太讨喜的朴素的黄绿色便是"阿月浑子"色，同样也会引起色盲色弱患者的恐慌。

爱情红 Lovers

如果给爱情定义一种颜色,你会选什么?红色还是白色?白色吗?白色是象征婚姻的!所以无论世界上各个种族和文化的差异有多显著,对于爱情的态度大抵还是相同的——红色。

关于爱情的红色,有很多种解释的版本。有人认为爱情是危险的,也有人认为爱情是狂热的,中国传统认为爱情是喜庆的。但是没有什么比一朵红玫瑰更能说明问题的了。情人节叫作 St. Valentine's Day,这里还有个浪漫的传说:相传有个古罗马青年基督教传教士圣瓦伦丁,冒险传播基督教义,被捕入狱,感动了老狱吏和他双目失明的女儿,得到了他们悉心照料。临刑前圣瓦伦丁给姑娘写了封信,表明了对姑娘的深情。在他被处死的当天,盲女在他墓前种了一棵开红花的杏树,以寄托自己的情思。这一天就是2月14日。现在,在情人节里,许多小伙子还把求爱的圣瓦伦丁的明信片做成精美的工艺品,剪成蝴蝶和鲜花,以表示心诚志坚。姑娘们晚上将月桂树叶放在枕头上,希望梦见自己的情人。通常在情人节中,以赠送一枝红玫瑰来表达情人之间的感情。将一枝半开的红玫瑰作为情人节送给女孩的最佳礼物,而姑娘则以一盒心形巧克力作为回赠的礼物。

伦敦的雾 London Fog

伦敦的雾并非子虚乌有,伦敦素有"雾都"之称。不过这并不是什么神秘和浪漫的描述,和我国一样,它只是工业时代的副产品——雾霾。伦敦的雾霾曾引起一个很严重的事件。在1952年12月5日到8日的4天时间里,由于过度的煤炭燃烧和天气的综合作用产生青雾,导致伦敦市约4000人死亡,而随后的两个月里,这个死亡数字增加到了近8000人。

有趣的是,在把伦敦的雾定义为一种颜色的时候,我们可以观察到通常这种灰色当中具有绿色的成分。一方面,在灰尘色当中加入微量绿色,会让灰色有一种病态的感觉。另一方面,伦敦的雾是由于空气中的硫化物硝化物的凝胶形成,呈现出一种微微的黄色,加之与天空灰蓝色的映衬,正好变成了绿色的视觉效果。

后记

当我坐在电脑前敲下"后记"二字的时候，才终于体会到这本书要结束了。

在构思这本书内容架构的过程中，我始终希望它更像一本工具书，而不是翻一遍就扔掉的所谓教学书籍，因为几年前我还嘲笑过橡皮章相关的书："唉，现在什么事情都可以出书了啊。"（笑）。

由于写的时候非常随性——坐在咖啡馆的大桌子前，听着几年都没有换过的音乐，有时候敲几个字便会对着落地窗发呆，耳边悠扬却凄楚的爱尔兰风笛声让思绪像风一样飘到了另一个国度。当然最后终于还是完成了它，因此难免出现不严谨的地方。

尽管从橡皮章的角度去看，我们是在接触多种多样的印台。事实上，这是我们认识颜色很好的渠道。由于自己才疏学浅，只敢分享一些自己片面的、浅薄的理解和心得，在认识颜色的道路上，我也只是一名迈步前进者。

当有一天你发现"什么颜色好看"这个问题很难回答的时候，可能你对颜色的认识和理解就变得深刻了。那时候，你会发现天蓝色好像并不是一种颜色；海蓝色也是五花八门；每一种花朵的颜色都是独特的；红配绿其实并不夸张；紫色和黄色在一起也可以很好看；路旁的石头也拥有一种颜色；而脸色也能按照光谱色排下来……

希望这本书能带你重新认识那些躺在收纳盒或者抽屉角落的印台们，这些自带特效的小精灵们，可以让你更清晰地辨识眼中的世界。

致谢

不得不先感谢合璧堂提供的这次机会，让我一个粗鄙之人的图文帖变成了一本书。

然后就要感谢Tsukineko，也就是月猫。它的出现，让我感觉到认真的重要性。一个小小的印台，却打开了我们认识色彩世界的大门。

还要感谢"橡皮章吧"，这个奇妙的平台，让我有了分享自己经验心得的机会，也让我认识了太多可能本来从无交集的小伙伴们。

感谢为本书印制色卡的所有同学们，你们的高效率输出，让老夫觉得"压力山大"！

感谢为我切水果以及泡茶的夫人，因为有爱，才不要魔兽争霸。

感谢为本书提供应用素材的扑扑、FR、亚提密斯，还有害羞的来投稿的清明。你们的支持为我提供了巨大的帮助。

最重要的，谢谢同行的朋友与匆匆的过客，感受到你们的支持，比我要达到的目标更加珍贵。

祝大家印章愉快！

（全 书 完）